發光體

A BOOKSHOP TOUR OF Taiwan

旅讀的理由

城市山海，閱覽詩意

島讀臺灣 vol.2

詹慶齡——撰文
余尚彬——攝影

目次

《島讀臺灣2》來了 精彩好書大家讀

劉秀枝
臺北榮總特約醫師／國立陽明交通大學臨床兼任教授

我心目中的詹慶齡老師，一直是位亮麗、專業、深受觀眾喜愛的電視主播，後來華麗轉身擔任《名人書房》的主持人。他於二〇二四年在樹林圖書館訪問我，讓我深深感受到其團隊的敬業、合作無間以及對受訪者的尊重；更驚喜的是，當進行訪問並錄影時，發現慶齡熟讀我的每本書，提問及闡釋非常精闢，簡直比身爲作者的我還深諳其中內涵，相信他一定非常用心，花了不少時間閱讀且牢記。那天，我們快速一問一答，讓我的腦細胞活躍放電，訪談結束後，我滿心愉悅，那種充實的感覺至今猶存。

因此當我仔細拜讀慶齡送我的二〇二二年大作《島讀臺灣》後，非常感動。在現今網路文章與電子書流行的年代，還有如此睿智的主持人帶領優質團隊，在臺灣各地挖掘並深入介紹具有特色的獨立書店，令我大爲佩服。

我特地去造訪書中一家位於臺北市的「一間書店」，果然如書中所介紹的一樣精彩，而且因

SONY

為事先讀書，特別能感受到書店的氛圍，也很欣慰看到不少在書店裡安靜瀏覽、翻書或購買的愛書人。

很高興慶齡的《島讀臺灣2：旅讀的理由——城市山海，閱覽詩意》於二〇二五年問世，繼續訪談臺灣全島各地具特色的十二家獨立書店，讓人迫不及待想閱讀。

一如之前《島讀臺灣》的文字優美，內容豐富，且更深入探討書店主人的起心動念與經營方針，以及書店的來龍去脈，讀之受益良多。每篇文章的精美照片不僅傳神，且賞心悅目。而且，每篇文章最後都有「店主私房書」與「非推BOOK」，讓人看了之後，想買更多的書。

例如位於臺南市的「版本書店」這篇，店主是斜槓安寧醫師，他的生死觀寫在老屋改建的磚牆上：「我們蜿蜒向前而去的，不是死亡，而是此生。」強調從此刻到死亡之前，我們要好好活過每一天，因此書店裡有個「生死書區」。

埔里鎮的「籃城書房」令人動心，不僅是國際化的書店，翻譯書多於華文書，而且漸次延展出民宿、餐飲、美術館，變成現在的「書房度假中心」，把讀書、吃飯、睡覺這人生三大事全包，眞是太理想了。也讓我想計畫哪天揪幾位好友到「籃城 REST Book & Bed」住幾天，好好享受。

《島讀臺灣2》不僅介紹書店、店主與藏書，也介紹書店的由來，如鹿港的「書集囍室」，是一九三一年老宅搖身變成的書店，老闆的好客很有故事性。

我從小愛讀書，閱讀讓我擴展視野、學習新知、怡情養性，更讓我成長、增加自信，學會謙虛且非常快樂。有時在捷運或火車上看見有人閱讀紙本書，總讓我在心中讚嘆這美麗的風景。我喜歡買書，不只是因爲熱愛閱讀，更是要支持書店和出版業，因此非常樂意推薦這本好書。

這些人，這些書，這些店

高耀威
「書粥」老闆

在書店經歷過的採訪中，慶齡姐的《島讀臺灣》讓我有種「天啊！被看透了」的快感。記得當時看完採訪的文稿後，一種被理解的感受在心裡化開。順著這樣的心情，隨著慶齡姐的眼光與腳步繼續翻閱，閱讀那些我以爲已經熟悉的書店，才又重新看見臺灣各地書店的內在風景。

我是在獨立書店風潮遍地開花的前幾年才成爲一間書店的主人。既屬於非典型經營路線（招募換宿店長獨立顧店），又位於偏遠地區（臺東長濱，離最近的火車站需四十分鐘車程），我能提出的見解，或許只能以「偏見」來形容。託《島讀臺灣2：旅讀的理由——城市、山海，閱覽詩意》上市的機緣，得以在此書寫，談談所思所感。

有時看到獨立書店被拿來與網路書店比較，焦點會放在數字績效上。身爲獨立書店老闆，我不想被這樣的比較影響，總是思考如何凸顯自己的差異。例如，在特定節日大家瘋狂下殺折扣時，我刻意延長開店時間，深化與購書讀者

去寶尋中書卷萬
中文創作
中文創作
中文創作
中文創作
中文創作
中文創作

的現場交流——這是網路書店做不到的。有一次，預購的簽名書數量超出書店的供應上限，我一一打了超過七十通電話向訂書者致歉並說明情況。結果幾乎所有的客人因爲接到我的電話，感到既親切又訝異，對於訂購的書是否有作者簽名反而沒那麼在意了。甚至有正在當兵的讀者，把這通電話當成電臺Call Out，趁機吐露幾句心事。像這樣，恣意地將老闆的個性延展到書店的應對之中，最終竟弄拙成巧——是不是很可愛？（自己說XD）

談到銷售，我也常覺得獨立書店在不公平的條件下被小看。之前曾串聯書店預購一本書（採全臺統一定價策略），十間店創造出一千本的下單量，再各自使出本事賣書，展現魄力與決心。有間離島的小書店銷量意外地好，後來才知道他們採用私密群組團購的方式；也曾經手一本難以歸類的特殊書籍，透過某間書店靈動的文字講述，創造了亮眼的銷售成績。在書業緊縮的時代，臺灣的小書店們磨練出各式厲害

的生存招式，眞的太帥了！所以，我在此向出版從業人員誠心提議：認識書店，要像認識一個朋友一樣，才能有機會合作，創造出迷人的火花。請把這本書買回去看看，或許你就會知道，該如何與不同的書店玩出有意思的企劃。

獨立書店是自營書店的統稱（本書中〈有河書店〉篇的開頭有簡述脈絡），但無法將它視爲一個整體，因爲其中包含數百種不同性格與風格的個體。只有以這樣的思維去逐一看待，才能讀出更多層次的韻味。熱愛攀談誘導的老闆，會把客人變成客座店長；關注弱勢的老闆，則透過書作爲連結，延伸出挹注社會的能量。《島讀臺灣》的團隊正在進行這樣的爬梳與彙整。《島讀臺灣》採訪十六間，這次十二間，不求一次集大成，而是一間一間細膩地探究（慶齡姐的挖掘功力，實在太強了！）。這本書，跳脫書店遊記的型態，以人物誌的形式厚實呈現，向內萃取出書店主人的歷練與本心。

A BOOKSHOP TOUR OF

Taiwan

1

都市裡的詩意空間

BOOKSHOPS LIST

01

有河書店

影評人的老字號書店
重新出發2.0版

02

渺渺書店

外表溫柔內在堅實的
清新文學庫

03

玫瑰色二手書店

把舊書變年輕的
明亮二手書店

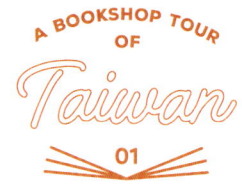

有河書店

影評人的老字號書店 重新出發2.0版

DATA
Add 臺北市北投區東華街二段380號1樓
Tel 02- 2821-8683
FB 有河書店

提及臺灣的「獨立書店」，絕不可能忽略「有河」。

初聞「有河」大名，它還座落淡水河畔，面山臨河，名符其實的「有河book」，這間「有河」一代店，由影評人686與詩人隱匿共同經營，頗有文化名聲，據江湖傳言是「臺灣第一家獨立書店」，對此恭維，老闆686本人倒是態度保留，直說「其實在我們之前，早就有獨立書店，只是沒這樣叫它而已。」

那麼他的書店何以會被冠上這樣一個新潮名詞呢？事情發生在二〇〇六那一年，永和誕生了一間特別的「小小書房」，無獨有偶，淡水「有河book」緊接著在三四個月後開張，同一年北臺灣先後冒出兩家風貌不同於傳統的書店，時間點與地域上的巧合，讓敏感的媒體嗅到一絲不尋常氣息，直覺書業將發生某種變革，以產業趨勢觀點定調，在報導中稱這類新型態的個人書店爲「獨立書店」，從此，這個

由媒體創造的名詞日益普及，形成一種簡單對比，相對於門市複數連鎖經營的書店，凡別無分號只此一家的書店，就成爲廣義的「獨立書店」了。

聽君一席解說，我們終於理解686並非刻意自謙，不願受這「鼻祖」之尊，他十分清楚新聞需要一個「點」，但自己絕非臺灣首位開設單一書店的人，他客觀地說「那誠品一開始也是獨立書店啊！就仁愛圓環那一家。」個人不掠美，然他仍樂見社會大衆對「獨立書店」美好的正面想像，還曾擔任友善書業供給合作社理事主席支援同行，爲經營不易的書店業盡一己之力。

儘管與「獨立書店」連結甚深，書店生涯卻不在686原本的規劃之中，他是廣告人出身，以創意見長，在業界壓榨了十年腦力，身心俱疲，加以諸多環境因素影響，讓他停下腳步重新審視人生，休息半年後，從事產品設計的太太也離職了，就在兩人同時待業的第二天，他突然靈光乍現提議「那我們來開書店好了！」天外飛來想法，竟然得到附議，人生就此大轉彎，把過去貢獻給客戶的創意留給自己，書店第一個廣告文案「有河book」，切合環境特色一語三關的店名正是老闆本人的創意手筆。

一代有河曾是淡水親子水岸文化地標。

從夢幻到現實，一間書店的堅持與傳承

許多開書店的人初始都有些浪漫想像，686也不例外，一手寫廣告文案一手寫影評，工作需要與個人興趣都與閱讀緊密相關，加上當時太太除了本業之外也有詩名，延伸生活與書爲伍似乎再自然不過，何況，他們還眞找到了一處夢幻基地「前方是無敵海景，簡直是臺灣最美麗的書店風景。」如詩如畫，好生浪漫，686回憶心中憧憬「我只要每天開門，等客人上門，挑書買書付帳就好了，然後我就可以在櫃檯裡做我自己的工作，多愜意啊！」美好幻象，進入現實不久就破滅了，如今雖然自嘲天眞，然而，從另一個角度看待「因爲這種簡單、不切實際的想法，讓我們有一股動力，去把這個淡水的書店開起來。」

開業一兩年，摸熟這個行業的同時，現實的面目也愈發清晰，不過，686沒有選擇預設的「退路」回老本行做廣告，持續努力支撐第一代「有河」長達十一年，直到二〇一七年底才因私人因素暫時放下，說來不可思議，當年書店頂讓消息一出，竟有多達四、五十組人前來洽詢，「書店情懷」原來並不寂寞，但這種「盛況」反而令他有點憂心，想到自己這一路顛簸，實在不好推人入坑，於是逐一與意者面談，他解釋「不是要審核什麼理念，就是看他相關的條件，像我們也是一對夫妻在經營，就太累太辛苦了，如果頂給另一對夫妻，讓他們進入這種地獄，心裡就覺得有點『那個』。」這位善心的過來人，見識過各種書店同業勞苦，基於理解與熱忱，審愼挑選「最適合經營的人」，最後由資源相對充沛

的四位護理師團隊出線，即現今的「無論如河」書店，同一空間不同風格，運營得相當順暢，「前老闆」686還不時受邀回去參與講座，雙方一直維持良好互動至今。

「有河書店」再出發，從淡水到北投，書店雷達的全新落點

休養生息兩年多後，686重出江湖，從淡水河邊搬到北投山邊，重新掛上「有河」招牌，這回，既無靈光，也沒幻夢，他務實理解現階段開書店是自己「最擅長的事」，同時體認到，再出發也得講究時效，「之前的累積，大家都還記在心裡，如果我過太久再重開，回頭的機率會越來越低。」心念既起，首要之務是找到合適地點，之所以離開熟悉的淡水，一來是道義考量，原店面已頂讓他人，怎好相距太近，二來則是理性評估，淡水一區恐怕無法容納更多獨立書店，於是，擴大搜索範圍進入臺北市，在「書店雷達」助攻之下，終於在唭哩岸覓得書店新址。

686口中的「書店雷達」，其實就是他敏銳的市場觀察力，不開書店的空檔期，除了寫稿、演講，686最常做的就是跑書店，那一年，連鎖書店緊縮，他隨即看到機會，「士林誠品一收，我那個腦海裡的書店雷達掃描一下，士林以北沒有書店了。」鎖定目標，他開始在士林到關渡路段間尋找合適地點，每天騎著車來回尋覓，皇天不負苦心人，終於找到距捷運唭哩

捷運高架橋下特設唭哩岸石文化介紹。

岸站僅五分鐘路程的一樓店面，大小適中，交通方便，雖然河景不再，不過面向捷運高架下一條綠帶，四季仍有風光，在多數商家採取保守策略的二〇二〇年，他不畏疫情如期開張，新一代「有河書店」就此落腳北投。

當初一頭栽進書店業，686想的是必須趕在不惑之年前，把握「最後的衝勁」放手一搏，知天命以後，現在的他關照面向更廣、思慮更深，新地點人潮不若以往，他早有心理準備，甚至刻意遠離觀光人群「不再重複過去招呼觀光客的經驗。」然而，如何讓書店與所在地產生連結呢？認眞的老闆特意深入查找了許多關於「唭哩岸」的背景資料，經他分享，我這糊塗臺北人才知，此站附近原來有座小小的唭哩岸山，蘊藏豐富的唭哩岸石，這種沉積岩是絕佳的天然建材，據說不但冬暖夏涼且具耐火特性，當初建造臺北城，就是以它作爲材料打造城牆，老闆進一步舉出實例，書店旁隔兩戶的鄰居就是留存至今的打石場，雖屬私人財產不便參觀，還是可以從外觀實地感受昔時榮景，由於這種珍貴石材資源有限，政府在一九七〇年代已經明令禁止開採，不過區域內有些民宅仍保留著唭哩岸石牆，古色古香，別有韻致，爲了讓民衆了解這裡的人文歷史，臺北市政府在捷運站北側特設戶外裝置說明，偏巧，這「打石文化初探」石碑正好面對著書店現址，老闆聰明地告訴大家，想探索唭哩岸石文化特色，搜尋「有河書店」就對啦！

以文化遺跡向大家招手，多少也因爲「唭哩岸站」出入人次實在不多，除了附近居民，外地人鮮少在這個小站下車，老闆心中盤算「沒什麼特別的理由吸引你下車的話，那我來當這個理由好了。」不改拓荒精神，686自行創造地利，然而現在的地點鄰近東華山、軍艦岩，離河岸著實遠了點，若要彰顯地理意義，「有河」似乎該正名爲「有山」，幾經思考，他仍決定沿用原名，只是把一代店「有河book」轉換成「有河書店」，堅持「有河」除了象徵書店人生的起點，主要原因還在於它是「周公賜名」。

詩意與情感交織的有河書店2.0

686回憶，有幸結識大名鼎鼎的詩人周夢蝶是許多年前的事了，當時「有河book」已經闖出名號，尤以詩集齊全質精量多著稱，衆所周知店主之一是詩人隱匿，書店少不了詩壇文友往來交流，他們首次得見周夢蝶正是詩友引薦，年輕朋友帶著傳說中的大詩人前來書店，主人興奮不已，曾居住在淡水的周夢蝶，對這間販售詩集的書店亦多所讚賞，原以爲一次相見已是人生至福，沒想到更大的驚喜還在後頭，周公竟爲這對忘年小友的書店寫了一幅字，獨自一人專程送到淡水，老闆憶述「我們當時剛好有個活動，一個年輕詩人的分享會，正要

有河是少數詩集質量俱豐的書店。

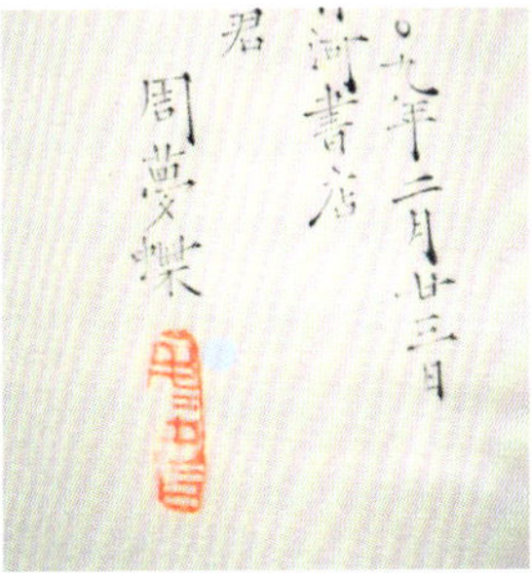

傳奇詩人周夢蝶親贈字畫為鎮店之寶。

開始，突然進來一個人居然是周公，每個人都驚呆。」接著，在眾人還來不及反應的一陣錯愕中，周夢蝶將字畫交給主人，便轉身下樓離去，輕輕地來，輕輕地走，不帶走一片雲彩。

這段奇遇紀實，聽得我們也目瞪口呆，文人飄然而來，把心意全寫進字畫裡奉上，一切盡在不言中，686如今回想，仍覺如夢似幻，他感性地說「周公給我們這幅字，讓我們覺得，眞的是開店這些年來，最珍貴的回報。」這份無價大禮，現今掛在「有河書店」牆上，周公一句「有河傳奇」當眞傳奇，主人永懷感念，只要書店還在，怎麼也拿不掉這「有河」二字了。

就現實面而言，二代店保留「有河」名稱亦爲明智之舉，自然吸引熟客回頭，當天我們便在現場巧遇一組老客人來店取書，從前住在淡水是書店常客，後來搬到北投，散步時不期然看見「有河」店招，宛如老友重逢，繼續行動支持他們口中的「阿德老闆」，雖然686對於主動聯繫客人傳送書訊總有些靦腆，「有河2.0」開張以來，老客人佔比粗估仍高達六七成，長期建立的信任關係，以及人際間情誼綿延正是獨立書店存在的理由吧！

搬到新環境，舊雨新知都得關照，老闆要務不僅是開拓客源，還得努力把新客人變熟，「有河2.0」另一利多是接近陽明交大，幾年下來，散步十五分鐘到書店看書或喝杯咖啡，已成許多陽明師生的日常，逐漸也稱得上熟客了，儘管整體書業環境並不友善，但686表明「我不是要做連鎖書店，我不是要影響業界幹嘛，我就這麼一間小書店，只要有一部份的支持，我的書店就可以存在了。」

書店主人的電影夢與現實

一直以來，「有河」始終用自己的方式存在，它以詩集、電影與文學廣爲讀者所知，主題重點當然與老闆背

景有關，從淡水到北投，招牌特色依舊，這裡的詩集與電影類書籍種類眾多堪稱齊全，686自信地說「如果它沒有絕版，我的書店就一定會有，要找這類書，不用去別家，直接來找我就好了。」事實上，不只相關書種內容獨步，早在一代店創立之初，他們也同步成立了「有河文化有限公司」，自己寫書、出版、銷售，具體出版品包括隱匿數本詩集，以及686兩部《看電影的人》，身兼書店人和影評人，觀影爲文確屬合理，不過這位影癡分明待過楊德昌導演劇組，實際參與過《獨立時代》一片拍攝，爲何沒有成爲「拍電影的人」，而選擇投身廣告業呢？686透露，眞實原因與另一位知名導演魏德聖密切相關。

時間倒回上個世紀九〇年代，剛退伍的686棄理工本科進入楊德昌劇組，學生時期即對電影產生濃厚興趣，出社會第一份工作就能跟著楊導拍片自是得其所哉，不過正是這麼一部片便讓他的電影夢幻滅了，686解釋「我不是說對電影產業幻滅，是對我自己幻滅，我知道我不是拍電影的料。」後來，楊德昌又介紹他到日本導演林海象的劇組磨練，當年林海象來臺取景從基隆拍到墾丁，686也因此與同劇組平輩魏德聖一路同房，從臺灣頭住到臺灣尾，兩個電影狂熱份子抓到空檔就往戲院裡鑽，回來又繼續分享討論，那段歷程，讓686徹底意識到兩人之間的差異，他形容「小魏眞的是拍電影的人，他心心念念就想著，如果是他會怎麼拍，我的想法就是這電影哪裡好，哪裡有問題，就單純是一個觀眾的方式。」及早認識自己，欣賞他人，686自此決意當個近距離的旁觀者就好，專心看電影寫文章，影評集名爲《看電影的人》，背後原來有他一場電影青春夢。

思及過往，686依然難忘並感謝那段電影人生，「有河書店」門口除了

招牌，最醒目的元素莫過於一旁高懸的場記板，即使書店曾經暫停，他的影評卻幾乎沒斷過，近幾年累積的文章精選收錄在《異色的雜念：看電影的人02》當中，儘管店主謙稱不好推介自己的書，甚至坦承其實影評集比詩集更難賣，但他也帶著一定自信表示「我能夠將它出版，收在書裡的，應該大部分都有某種參考價值，可能是我

覺得，某一部片的影評，有我這樣一篇就夠了。」

老派風格的經營智慧

對這麼一位觀影成痴的人來說，最大的難題卻是最俗氣的「沒時間」，一人書店，校長兼撞鐘，我們在現場親眼見證，老闆眞的很忙，撇除雜務不談，光是整理書籍，就是一樁浩大工程，「有河書店」營業空間只有十五坪左右，但坪效超高，牆面排滿二十個書櫃，每櫃都塞滿各類書籍，686估算裡面約莫有七千到八千本書，密度驚人，除了量多，「有河書店」的選書大多有一定的文學性與品質，同時非常著重各種關於人類社會的議題探討，幾年前第一次來訪時，它的「重量」即令我大開眼界，不過老闆自己的形容則爲「老派」，他坦承，比起很多年輕的書店，「有河書店」單位面積的承載量確實很高，也少有空間可以秀面，走遍大小書店，看過各式風格，686不帶價值判斷，中立看待每一種經營方式「有些比我年輕的店主，他們有很活潑的想法，很多書都是正面陳列，而且陳列得很有氣氛，選的書也都經過精挑細選，專注某個議題，書的銷售也還OK，我覺得那就是年輕人的本事，我自己是沒有辦法那樣經營的。」

自認只能以「老派」風格行事，與其說是一種堅持，毋寧說是一種記憶和習慣吧！與686同世代的我，對他的話深有所感，「從我小時候，成長過程一路到現在，我進到一個叫書店的地方，差不多就是這樣子。」書店的樣態，反映主人的背景、想法，同時展現人與書之間的對話，以686來說，他與書的交流從來無關「賣不賣」，而是「我的店裡應該要有這個書，除非它絕版了。」老闆一點也不否認這種想法有點「任性」，但他在書店業打滾多年，接觸過的任性同類可不少「也不止我一個，很多老派書店都是這樣，只

要老闆認爲重要的書，他就會進，不管有沒有人來買它，有沒有人來逛，他都不在乎。」

口頭上說「任性」，686對書其實敏銳異常，市場上每個月出版量何其多，但他「很多書，只要一看，就可以決定要不要進書。」看書的學問，來自將近二十年的經驗累積、對出版社的熟悉，以及對作者品質的掌握，經營一家幾千本書的綜合書店，無法用小型書店的手法精挑細選，他以「看得順眼」爲取決關鍵，每周進新書，雖偶有閃失，不過多數眼光精準，專程前來的熟客對他的書店都有一定理解度，無所謂新潮老派，「有河」以品味留客，一路走來從未改變。

老派書店的獨立精神

由於數量龐大，這裡的書冊排列非常密集，來到「有河書店」需要多點時間停留，慢慢挖寶，我自己就曾在書

Step②：
確認信封開口已貼合後
將信紙投入信箱中
Step③：
打開信箱小門，簽收一封正呼
喚著你的信，回座後並細細
閱讀內容
療癒書寫計畫
FREE
IG: beyou_penpal
Be You

財

觀音
一座山
從水面
一半是睡
一半是人
一半是貓
星光和

晶片戰爭
矽時代的新賽局，解析地緣政治下
全球最關鍵科技的創新、商業模式與台灣的未來
CHIP WAR
克里斯・米勒 CHRIS MILLER
那時候，
我只剩下
勇敢
走進世界的荒境，
走出人生的荒蕪。
人需要的不是「逃避的出口」，
而是「面對的入口」。
wild
文化
城市
之路
如果孤獨死
將是
大多數人的
未來

有河書架排列密集，堪稱重量級書店。

店深處最下面一兩櫃，挖出好幾本別處買不到的有年份的新書，基本上，整間書店仍以一般類目分區，其間同作者和出版社又盡量擺置一起，方便查找，但若是同一位作家，寫作文體多樣，作品可能會被歸到不同類型分區，問老闆何以會有兩套方式？他的回答非常有意思「就是先決定大原則，其他的讓它自己發展，怎麼說呢？書有自己的主觀意願，就是書有自己的命運。」聽起來很玄，但同爲老派之人似乎又能領會，秩序中包藏驚喜，人找書，書也挑人，正是逛書店的樂趣。

實體書店迷人，卻經營不易，許多店家會申請補助，規劃活動維持營運，有些書店確實做得有聲有色，甚至由此營造出獨特吸引力，不過686清楚，自己並不適合這種方式，補助計畫讓他綁手綁腳，一次經驗就明白「我只要做自己的就好了。」他的堅持，帶有強烈的廣告人性格，既不受官方補助框限，也不承接與書店個性相違的活動，686解釋，自己絕非跟錢過不去，但是「書店的人設和形象不能亂掉，讀者會無所適從。」那麼，「有河」的人設該是什麼呢？686想了想，給了很棒的答案「就是跟我平常在網路上，所表現的各種言行一致吧！讓人家覺得686就是會看這些電影，做這些書，講這些話，所以這些書的相關活動在我這裡辦很OK，要保持某種眞誠才行。」

也許，這就是「有河2·0」的獨立精神吧！有所爲，有所不爲，始終清楚自己適合什麼，即使不曾有人爲它創造名詞，即使不再坐擁無敵美景，仍堅守城市一隅堆滿知識，與有緣人相遇相知，它的老派很古典，必要且珍貴！

只要還有人願意翻開書頁，
我就會一直把書店開下去。

OWNER'S TALK

OWNER'S INFO

詹正德

廣告業出身的店主686，曾參與楊德昌導演劇組，後專注影評與書店經營。2006年創立「有河Book」，初代店位於淡水河畔，以獨到選書與深厚影視素養著稱，被譽為臺灣獨立書店的重要推手之一。2017年淡水店結束，2020年於北投重啟「有河書店2.0」，延續獨立書店精神。秉持「只要有一部分支持，書店就能存在」的理念，致力打造專屬於讀者的文化場域。

MY FAVORITE

店主私房書

OWNER 686

書店老闆也是影評人的686《看電影的人》續集，專業觀影，犀利分析，一如既往的獨到角度提供「看的方法」；繼《草莓與灰燼》後，有河老闆再推房慧真作品，個人成長與時代連動，讀作者文字的同時，也在心中寫自己的版本；密碼19690721，答案呼之欲出，藉太空人登月隱喻反威權重力，黃崇凱再次以虛構小說向歷史提問；老齡貧窮者群像紀實，底層生活就在你我周邊，藉由一個個活生生的案例，穿透數字表面，感受真實的血肉生命，正視社會議題。

1

《異色的雜念：看電影的人02》
詹正德
有河書店，2022

2

《夜遊》
房慧真
春山出版，2024

3

《反重力》
黃崇凱
春山出版，2024

4

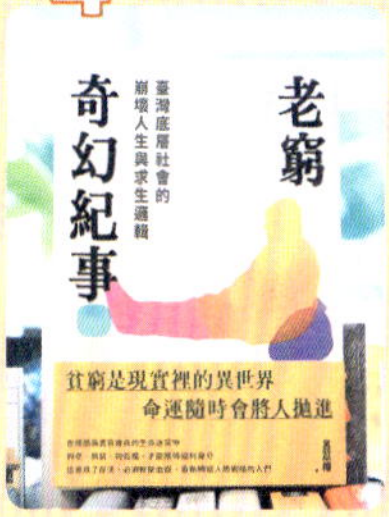

《老窮奇幻紀事》
呂苡榕
鏡文學，2024

非推BOOK

影評人老闆推薦電影人的書，編導演之外，陳以文的文字同樣精采，彷彿劇本般的小說，從監獄場景進入法警與死囚內心，速度緩慢卻力道十足。

《陰影下的陽光》
陳以文
允晨文化，2024

AUTHOR 慶齡

A BOOKSHOP TOUR OF *Taiwan*

02

渺渺書店

外表溫柔內在堅實的

清新文學庫

DATA

Add 嘉義市東區嘉北街101號

Tel 05-275-7702

FB 渺渺書店

嘉義市不乏老字號獨立書店，年輕的「渺渺書店」躋身其間，光芒初綻自帶一股浪漫小清新。

朋友說，「渺渺」這名字聽起來就像文青開的書店，果然有慧根，不過這說法只對了一半，而且稍嫌淺薄了些，書店老闆彥汝本人是這麼說明的：「渺在字典裡的定義是小小悠長的意思，所以我是希望把自己縮小，走一條長遠的路，是我對自己的期許，把自己縮小才能夠看到事情的全面。」

相信嗎？這麼成熟的話語竟出自一個才三十歲的女生之口，第一次接觸，就是猛烈撞擊，因而我實在無法用文藝少女這類俗濫字眼來形容他，從小超齡閱讀，彥汝的知識含量與思想深度都淩駕一般，青春外貌包裹著熟諳世事的老靈魂，而他的書店也呈現完全的一致性，表面輕柔內在厚實，曾有客人形容「這間書店看起來軟軟的，很可愛，進來後一直被打巴掌。」老闆知道，讀者內行，他在櫃檯上的小紙條已

經寫了「文學有蜜，文學有針。」引孫德欽詩作《愚人之歌》，明示他挑的書會刺傷你，也會給你蜜，感受文學如此深刻強烈，這顆敏銳心靈著實特異。

「這其實和我的童年有關係！」彥汝憶述，國小時，由於父母忙於創業無暇照顧，他的最佳玩伴就是廣播節目「夜光家族」和各類書籍，晚上聽著廣播熬夜，獨處時便與書爲伍，爸媽並未刻意爲他挑選童書，因此「小時候其實看了很多不適合我的書。」跨年齡讀紅樓夢、張愛玲，懵懵懂懂接觸成人世界卻好似能沉醉其中，他非但沒有因此討厭書，反而一路被知識帶著深化成長，不過彥汝自認眞正的閱讀啟蒙，應該要到高中時期了，簡媜、蔣勳的文字領他進入文學世界扎根奠基，卻也一度讓他「有一點自滿，覺得自己跟別人不一樣，比別人細膩，那時候還蠻孤僻的。」不過，早慧的彥汝又從文學當中覺察這種慢心，很快脫升出來，那個轉折在於，爲了讓自己「更不一樣」，少女彥汝抓著邱妙津、袁哲生的小說卻似懂非懂，從而發現「當我抱著這樣的心境在看書的時候，我沒有進入它。」曾經因爲文學放大自我，而後又受惠文學領受謙卑，長大以後的彥汝開了間名爲「渺渺」的書店，回應來時心路，一張小紙條寫下感觸「我覺得自己特別，所以開始閱讀，但眞的進入閱讀，我發現自己非常普通。」這段話，貼在書店一樓深處隱密的閱讀區，有緣人得見，定然心有戚戚。

紙條傳心意，用書與世界交流

這間書店有很多紙條，小小的、娟秀的字跡誠懇印刻著主人的心得感悟，有時是從書上節錄的一句話，也有部分爲店內指引說明，對於安靜的內向者來說，寫紙條間接溝通不失爲兩全其美的好辦法，比起面對人，內向的彥汝更習慣鑽進書海探索知識，起初《名人書房》節目邀請他上「走書房」小單元介

在文學中安身立命的書店主人。

紹自家書店，他以害羞不好面對鏡頭婉拒了，所幸我們能幹又誠懇的同事文欣鍥而不捨，寄上內容紮實的企劃案才說服他點頭受訪，記得那日製作單位大隊人馬進入書店，彥汝剛開始果真有點緊繃，之後我們不經意聊起店裡的書，他彷彿對上頻率立刻放鬆下來侃侃而談，成就了一場完美的訪問，也結下彼此的好緣，後來回訪，我們已經可以在大聊讀書心得後，相偕去吃嘉義雞肉飯，以書會友，用共同的經驗拉近人際距離，對彥汝來說是最自在的方式，羞怯的他之所以敢於開書店面對人群，究其源起也真的是拿書壯膽。

開設書店之前，彥汝的工作型態多爲行政文書之類，與陌生人接觸機會不多，雖然「安全」，卻談不上任何成就或歸屬感，直到高中好友觸發了他，直言「你跟人聊書的狀態，與你跟別人聊其他東西的狀態很不一樣。」聽著這段

地下室以翻譯文學為主，選書與一樓書種明顯區隔。

轉述，我們不禁莞爾，點頭如搗蒜，根本精準道出我們與彥汝互動的經驗，這個沉靜的女孩談到書、文學，眼裡會放光，整個人突然活躍起來，開一間書店對他而言再適合不過，彥汝回想當初的抉擇「有一點像是找到自己想做、又可以做的事情，覺得它跟我存在的價值有點連在一起。」他自承，開書店的念頭極其單純，從未企圖改變什麼或抱持著特別的文化使命，他只想要一個可以好好待著、表達內心想要傳達事物的空間，「渺渺書店」之於他是個對的地方，彥汝難得調皮地說：「如果仔細看書店一些角落的話，其實會被逗笑，這個逗笑別人的，其實是我很隱藏的性格，就是跟我很熟的人才會知道這一塊。」

不輕易示眾的隱性幽默，在他的書店隨處可見，盡情釋放自我讓客人會心一笑，是店主極大的樂趣與成就感來源，最初開店的忐忑隨著時日漸緩，雖然本質上仍「比較害怕與人交談。」但

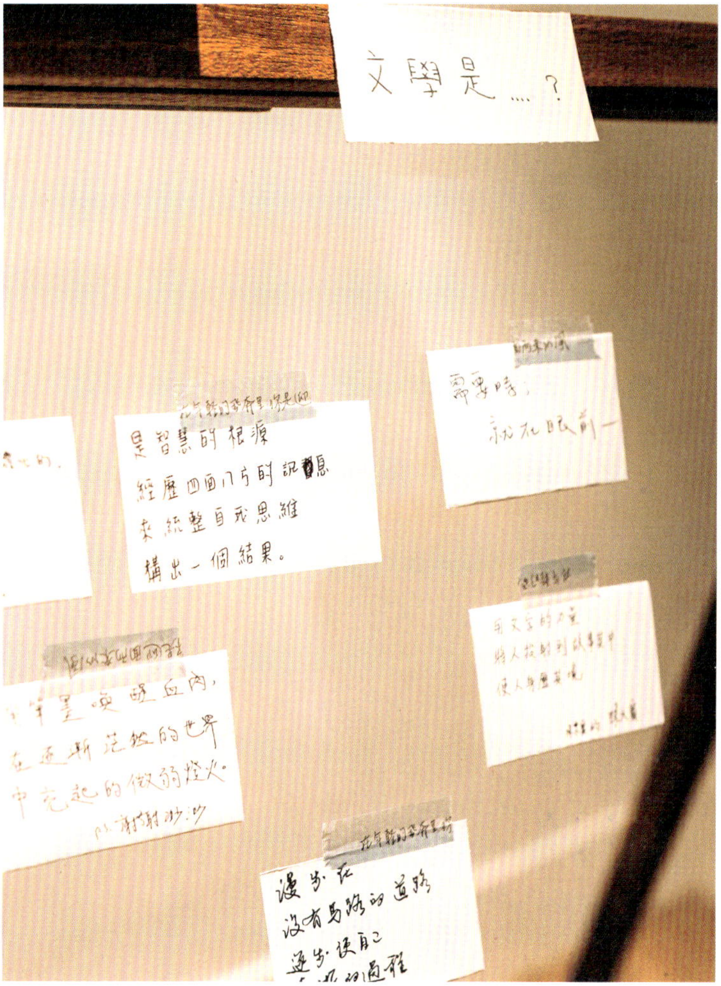

以閱讀爲媒介，一切變得輕鬆自然多了，尤其在書店久待的客人，多爲閱讀同好，現在這位老闆甚至非常享受彼此間的美好交流，同時，書還是他絕佳的記憶小幫手，不怕臉盲，只要記住客人曾買過哪些書、偏好哪幾位作家，他就能憑印象連結，彥汝還有個小筆記本標註客人「代號」，例如小鹿姐姐、線香女孩，以此記住客人特質並紀錄個別的閱讀喜好，這麼一來，便能針對每一位讀者貼心客製化服務，體現實體書店的價值。

地下的驚喜藏書室

爲了自我進化社交能力，開店這些年，除了透過紙條傳達想法，以書籍作爲溝通媒介，彥汝還有另一突破自我的小心思，他特意提醒我們，這滿屋子紙條，獨缺一項重要訊息，告知顧客本店還有地下室，理由很有趣，「我想要跟客人至少講一句，我有地下室，除了你好跟再見以外。」他期待能以歡快的口吻引導客人走下階梯，進入他精心布置的地下一樓，一個原本被設定爲圖書室的閱覽空間。

「其實我一開始的設定，是一樓賣書，然後地下室都是我的書。」然而，這個想法在開幕前就被主人自己推翻掉了，當年爲了抗議書價問題，業者發起的共同歇業行動，促使即將踏入這個行業的彥汝自問「書店的定位是什麼？」倘若與圖書館的功能混淆不清，那麼「這件事情對出版業的幫助，其實沒有很大。」一個轉念，豁然開朗，最後，他只保留地下室一個小櫃位擺放自己的藏書，這些「店主的書」旨在服務，皆爲非賣品，大多是臉書粉專上介紹過的書，其中有部分是市面上已經少見流通的版本，主人大方分享，期待好書內容能傳布更廣，他的作爲，其實也在呼應私心喜愛的「哲美系二手書店」標語「還沒有認識的書都是新書」，此番見地獲得不少認同，有人來此閱覽絕版書，視爲至寶，也有人以爲被翻過的書更加親切，甚至還有圖書館員因爲熟悉感，就愛地下室這一區。

渺渺心意以書療傷

由於相對隱密，「渺渺書店」地下一樓向來很受歡迎，顧客在座位區不受干擾安適閱讀，往往窩到太陽西下還渾然不覺，主人滿意地形容「你感受不到外面的時間流動，它其實是一個時間凝結了的場域。」他還透露，連作家言叔夏到書店舉辦講座，也對這個寧靜空間極爲讚賞。除了氛圍迷人，這層樓的書架亦豐富多樣，翻譯文學占比最大，與一樓的華文書明顯區隔，環顧四周，我們發現這裡新增了一整櫃關於生死與靈性的選書，店主表示「這是唯一一個因爲客人影響而增加的區域。」太多來自照顧者的詢問，讓細膩的彥汝無法不在意，那些來到書店暫時喘息的讀者，許多原本都是職場菁英，爲了照顧年邁父

文學書店裡的選品小物亦走清新風格。

地下室座位區靜謐舒適，
店主的書自成一櫃，大方與人分享。

天涯
咫尺

母放棄工作，他們不約而同讀著郭強生《何不認眞來悲傷》、張曼娟《我輩中人》，爲沉重的中年心情找出口，然而，一旦卸下重擔卻又悵然若失，陷入生死探問，這些接觸經驗，促使彥汝認眞思索實際的長照問題，以及不同生命階段的精神需求，藉此延伸本身閱讀觸角的同時，他也以最嚴謹的態度爲讀者選書，將一間書店的人情關懷發揮到了極致。

「這種時候，文學太慢，文學是補藥，它是緩慢的。」彥汝娓娓道來，生命之間的碰撞如何擴大他對閱讀功能的想像，他感性自剖「客人問我意見的時候，如果沒有一本書可以拿得出來，我會太難過，就覺得他現在需要OK繃，可是我一塊都給不了。」比喻巧妙，飽含同理，彥汝爲此引進可能有效快速指引或療傷止痛的內容，擺滿一整櫃，其中特別與我提到現象心理學大師余德慧的著作，冀望有溫度的生死學能帶給讀者些許幫助，他無比誠懇地說：「我會很認眞地挑這一區的選書，因爲OK繃要很乾淨。」

反映店主靈魂的閱讀空間

事實上，我們一致認爲這間書店所有元素都很「乾淨」，環境清爽潔淨，選書品味不俗，一樓的華文書區完全映現主人的文學取向，第一次請他推薦私房書即令我印象深刻，記得當時他介紹的是袁哲生《靜止在：最初與最終》，這本小說集無論市面上或圖書館都罕見，卻是這個年輕女孩的床頭書，他的書店大概是我見過蒐集最多袁哲生作品的地方，爲何這麼堅持？他說：「簡單的故事後勁很強，現在就算幾乎都只能推薦簡體版，還是想持續做這件事，讓大家知道臺灣有這麼一位特別的作家。」不只袁哲生，書店也非常看重邱妙津、黃國峻的著作，早逝的靈魂似乎格外能觸動主人易感的心。

彥汝不否認店裡挑的書就是自己平常閱讀的類型，即使沒有賣出去也想帶回家的書，看似溫軟的他，選書卻很有原則，「我挑書最在意的關鍵，就是看寫作者是否眞誠。」對文學敏銳，以質取勝，「渺渺書店」架上幾乎沒有任何與主人個性相違的作品，唯一的例外是繪本，彥汝坦言「繪本眞的不是我拿手的領域。」讀繪本從文字看起，自己想

來都不禁靦腆一笑，然而，這個習慣用文字思考的人爲何要特設一個精巧可愛的繪本書區呢？彥汝解釋，相對於其他同行，「渺渺書店」的客層稍微年輕一點，他希望所有人走進來都能感到自在，並且繪本區設置階梯可以伸展，不拘束地看書，適合活潑外向的讀者，身爲內向人，他也請設計師爲書店畫出一個「很像自家書桌的空間。」安排在一樓最深處，隱密性高的閱讀角落，體貼不想被一眼看穿的讀者。

整體而言，「渺渺書店」就是集主人特質之大成的一個文學天地，裡面有他對文字的細膩感知、隱而不顯的俏皮、善解人意的周到，甚至，連開設地點也是屬於他個人的童年故事。

重拾童年回憶，收穫真愛的地方

「渺渺書店」位於嘉義市嘉北街上，這裡是當地主要學區之一，學校周邊補習班林立，上下課時間家長接送車水馬

渺渺書店櫃檯常見代客訂購的書。

龍，彥汝形容這條街就像「潮間帶」，國小時期每天行走與車爭道，總帶給他極大不安，所幸當時街上短暫地出現過一間書店，成爲他小小的避風港，因此當他決定開書店時「就想到小時候想要躲藏的心情，然後就往這條街找。」彥汝說，嘉北街上的「渺渺書店」等於一份送給自己的禮物，安撫曾經驚惶的童年，安頓長大成年後的生活，刻意回到這裡開書店，無意間也拾起從前的緣分，裝潢階段尚未開幕時，一個熟面孔推門走了進來，竟是他的小學老師，憶及當年，老師仍記得這個孩子很細膩、有點敏感，多年以後重逢在書店，彼此又有了交集，更美妙的是，彥汝最重要的人生情緣，也從這間書店開始發酵。

當時「還只是朋友」的先生來到書店，翻讀三毛的書，讓彥汝好生意外，他總以為三毛的男性讀者多屬文青之流，但眼前這個認識了很久的男孩歸類陽剛一派，彥汝甜甜地回憶「因爲他讀三毛，我有種莫名的預兆，我心裡面給自己一個承諾，他如果約我，我就答應。」後面的發展，當然不用多說囉，這個讀三毛的男孩，如今已成了彥汝的另一半，不過女主角說，眞正讓他確認可以與對方共度一生的關鍵書，其實是另一本《過於喧囂的孤獨》，男生對故事的結局給出浪漫解讀，獲得肯定，哇！這個故事實在値得作爲推廣閱讀的範本，傳誦給更多世間男女，讀書，有機會讓你找到眞愛！

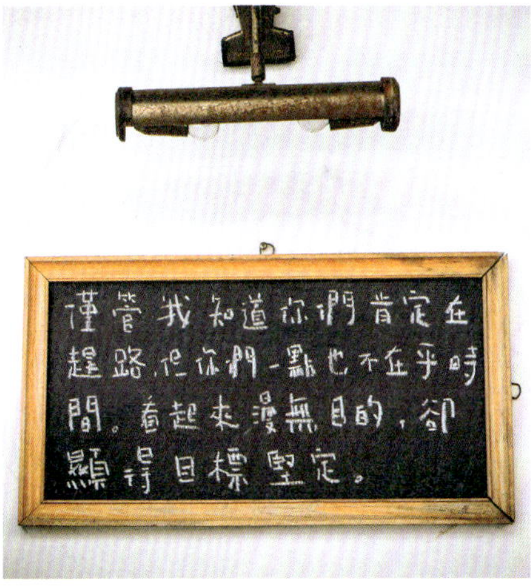

「書店，是一個適合搭訕的地方。」這不是接龍玩笑，切切實實是老闆彥汝親身見聞，這些年來，他在書店交到許多朋友，也參與客人之間從陌生到熟悉的過程，頻率相近的心靈在書的世界裡互通，再自然不過，相識的人們有些已從朋友升級爲戀人。不過，店主還有下一句「書店也是個分手擂臺。」提醒情侶們，逛書店時盡可能各自安好，千萬不要「好爲人師」，此舉往往成爲雙方分歧的引爆點，務必愼之，戒之！

彥汝小倆口雖不曾因某一方大放厥詞，或彼此看法不同而生齟齬，但他們「第一次吵架」也算是因書肇禍。婚前交往時，彥汝爲著陳思宏的小說《鬼地方》走訪彰化永靖，他相信這本以故鄉爲背景還得了金鼎獎的作品，當地必有販售，想不到走遍永靖所有書店竟找不到任何一本，最後好不容易才在員林買到書，彥汝急切地想去探訪乾涸的泳池、書局等故事場景，已經又累又餓的男朋友卻更想吃高麗菜包和麵線，當彥汝說到「食物對他比走讀更重要。」現場齊聲大笑，其實，我們內心無比同意男方啊！哪次旅讀，咱們這夥不是精神與口腹兼顧呢？經驗趣談，彥汝自己也笑說，以後跟另一半還是「用食物走讀比較開心！」

書籍的力量，從石垣島到伊豆半島的文學探索

與伴偕行固然不寂寞，但彥汝更常做的是一個人的走讀。大學時讀了《八重山的臺灣人》，刺激他破天荒第一次勇敢揹起行囊獨自出遠門，帶著這本書飛到石垣島，探尋日治時期帶著鳳梨、水牛渡海開墾的先民足跡，爲了親眼一見「臺灣農業者入植顯頌碑」，他騎著腳踏車一路上坡，來回四個半小時，鮮少瘋狂之舉的彥汝說「那都不是平常的自己會做的事情。」唯有閱讀，能激發他啟程去到遠方，前些日子趁著書店內部整修的空檔，他又爲自己安排了一趟《伊豆的舞孃》之旅，飛往日本伊豆半島一一探訪故事裡主角相遇的舊天城隧道、重要的旅館場景等等，他在已經長滿青苔的隧道口盯著露珠滴落，遙想美麗故事的起點，彥汝平常膽子不大，

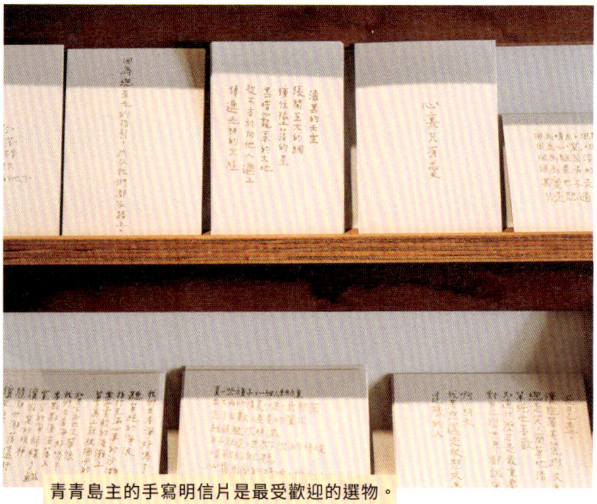

青青島主的手寫明信片是最受歡迎的選物。

「如果不是因爲對文學的憧憬，其實會覺得那個隧道有點陰森。」

開店後難得一個月的長假，彥汝多數花在追尋川端康成的文學之旅上，走讀之於他是一場心靈饗宴，當年到石垣島體會臺灣人的根性、認同的無措，新近拿著經典名著探索伊豆半島，漫步在大文豪的思想與靈魂當中，因爲讀萬卷書而行萬里路，無論走到哪，他都不忘再去逛逛別人的書店，將心比心，對於外地遊客特地前來自家書店，彥汝總是特別感恩，曾有幾位背著登山包的旅客，在登玉山的前一天來到書店，主人覺得若能在山上喝到熱熱的奶茶是件幸福的事情，於是把店裡的印度香料奶茶送給對方，幾個月後爆發疫情，記著店家溫暖的客人主動傳訊訂了十幾本書給予支持，令他感動至今。

充滿良善與創意的閱讀空間

良善循環不歇，這家書店總是溫情

滿溢，儘管仍揹負著開店貸款，店主依舊經常不收熟客飲品費用，只因眞心感念「他們明明可以用更好的價格買書，可是每一本都跟我訂，那我至少可以請你喝飲料。」這位暖心老闆，服務更是周到，客人指名要找辛波絲卡的詩集，其中還要包含「石頭」這個關鍵字，他不但使命必達，再應對方要求爲這位視力模糊的年長客人一句句讀詩。並且，就因爲非常欣賞彰化獨立書店「青青的島」，特地在自家不算大的空間裡闢出一個牆面，專售青青島主黃斐柔的手寫明信片，字體、內容、紙張完美搭配的素雅風格，意外成爲店內的暢銷小物，同行之間惺惺相惜，兩造雙贏，彥汝想起當年起步時不免惶然，常去的「勇氣書店」老闆爲他加油打氣，大方表示「你有什麼問題都可以問。」彥汝感念在心，「勇氣書店」眞的帶給他莫大勇氣。

到櫃檯點一杯飲料，
也能感受書店主人用心分享閱讀的心意。

感謝每一個在書店裡交會的人，哪怕只買一本書結帳，店主都願意花時間幫客人現場手作書套，每一本從「渺渺書店」帶回的書，都有主人悉心保護的痕跡，即使沒買書，到櫃檯點杯飲料也能被文學「潛移默化」，彥汝每天更換飲料菜單，利用日曆紙在同一頁寫下最近讀到的好文佳句，或者根據當天日期記載作家重要的生平紀事，點飲料時無論如何都會瞧見他的精心安排，主人說「這是我一個狡猾心態，就是你要看完，最底下才會出現飲料的品項，你就會被強行置入。」

可愛的文學迷妹，竭盡所能凸顯書店的獨特性，他太想告訴大家，一切關於閱讀的美好，自身在一本又一本書中，不斷被觸發新的好奇與提問，他說這種連結閱讀轉換主題的過程如同「劈腿」一般，誘使你的求知欲無止盡膨脹，因而他經常自問「我這一生，到底能不能把想看的書全部看完？」書中見世界，長智識而學謙卑，小小的「渺渺書店」其實很宏大。

我覺得自己特別，所以開始閱讀；

但真的進入閱讀，我發現自己非常普通。

OWNER'S TALK

OWNER'S INFO

林彥汝

渺渺書店位於彥汝小時候放學的必經之路。個性內向的他發現自己在與人談論書籍時感到自在，這激發了他開店的決心。懷著對文學的熱愛和童年回憶，彥汝回到故鄉開設書店，希望為讀者提供心靈的避風港。他用心挑選每一本書，期望觸動讀者的心靈，並相信閱讀能帶來慰藉與探索的勇氣；也致力營造溫暖友善的氛圍，讓每位走進書店的人都能感受到閱讀的美好與力量。

MY FAVORITE

店主**私房書**

OWNER **彥汝**

以愛為書名，虛構時空裡的國家其實令人毛骨悚然，中山可穗營造心碎的故事，探討多數暴力、平等人權，店主在《名人書房》節目看到芥川賞得主李琴峰也推薦這部作品，獲得共鳴更加愛不釋手；《香水》作者徐四金另一本經典名作，被視為作者的自傳體小說，搭配法國插畫大師桑貝的圖，表現簡單，寓意深長，不斷重複做著同樣事情的夏先生，他在堅持或意圖擺脫什麼？每個人生階段重讀，都有不同體會；韓國作家鄭寶拉創造超現實情節，以不同短篇反抗父權社會與資本主義，每個故事的主角都寂寞，與他人連結的方式都悲傷，奇幻反轉與快意復仇是作者給予的慰藉，然而，撥亂反正後，世界依然淒涼。

1

《愛之國》
中山可穗
張智淵 譯
聯合文學，2015

2

《夏先生的故事》
徐四金（Patrick Süskind）
桑貝 繪
姬健梅 譯
商周出版，2017

3

《詛咒兔子》
鄭寶拉（정보라）
黃千真 譯
寂寞，2022

非推**BOOK**

《豹變》
木心
印刻，2018

AUTHOR **慶齡**

大人虎變，小人革面，君子豹變。書名源自《易經》，藉由豹子由醜變美、由弱到強的過程比喻藝術家的成熟蛻變，書中各自獨立又彼此相連的十六篇作品如短篇循環體小說，串起個人不同重要階段與對應時代，文藝店主推崇大師木心，短句精闢，隨筆深沉。

A BOOKSHOP TOUR OF *Taiwan* 03

玫瑰色二手書店

把舊書變年輕的

明亮二手書店

DATA

Add 新竹市北區集賢街19號

Tel 03-523-0331

FB 玫瑰色二手書店

「玫瑰色二手書店」是我們的協力良伴，每當《名人書房》節目所需的來賓用書在市面上杳無蹤跡，只消一通訊息傳去，不用等到心急火燎，兩位年輕店主已經高效達成超級尋書任務，幫我們整備齊全，無與倫比的專業表現，只能按一億個讚聊表謝意。

落腳新竹開一間書店，卻沒有任何地緣關係，阿金與姵汝的遷徙路徑與衆不同，一個臺中人、一個高雄人，同在臺北工作相識，偏偏不想在生活過的三個城市繼續下一步，非要探向陌生，剛開始，他們心中首選是臺南，理由非常務實「因爲沒住過臺南，而且那裡的東西很好吃。」不過，稍加調查研究之後發現，原來「臺南是一個充滿二手書店的地方，有些已經在地幾十年，甚至傳到第二、第三代了。」兩個外地人，想殺進這片紅海未免太冒險，理性思考後，決定轉進「生育率最高、但書店不很多的新竹。」這一待，已經超過六年。

用玫瑰色的眼光看世界，勇敢前行

剛開始，非常審慎的兩人，鎖定行政區後先由姵汝前往「體驗試住」，他很快適應新竹的生活，對當地人情、生活步調、歷史文化都甚爲喜愛，唯一難題只在店面難尋，當時尚在臺北工作的夥伴阿金，開出的「條件限制」讓姵汝簡直踏破鐵鞋，又要室內面積達百坪，又得每小時車流、人流達到一定數量，連聽衆如我們都笑說：「實在太機車了。」所幸，皇天不負苦心人，姵汝無意間行經集賢街看到招租布條，聯絡房仲實地勘察，進門後大爲驚豔，「天啊！這裡面竟然有一個天井，這是什麼太夢幻的房子。」雖不到百坪，但也有六十之譜，鎖定目標，姵汝當眞老老實實在門口「蹲點」數算人車，說服阿金下修門檻「務必來看看。」經過一番努力折衝，加上超友善房東鼎力支持他們的書店計畫，兩人終於與這間五十幾年的透天樓房正式結緣。

有趣的是，分明簽約在即，他們還是在前一天跑了趟新竹城隍廟，初到貴寶地向城隍爺拜碼頭順便求籤，結果好心神明給了他們一支上上籤，籤詩大意爲「如果你要做這件事情，就是在這個地方，就是在今年這個時刻。」創業好兆頭，兩人振奮不已「有一種被祝福的感覺。」吃下定心丸，再無猶豫，定居新故鄉依照計畫藍圖開始二手書店事業，就結果論來看，當初城隍爺的諭示果眞靈驗。

起步之初，取店名表達自我是門學問，所謂「玫瑰色」究竟何意？主人說分明，「如果講玫瑰，大家就直接想到一個具象了，我們後來想到玫瑰色，就是它可以接納包容各種可能性，激發不同的想像，客人看到招牌，就會有個問號在後面。」開店以來，關於玫瑰色的聯想確實天馬行空，最多人想到的是具代表性的《小王子》，也有文學愛好者連結到張愛玲《紅玫瑰與白玫瑰》，甚至有漫畫迷腦中浮現經典的《凡爾賽玫瑰》，眞是滿滿的回憶殺！比較特別的是有人連玫瑰少年和塔羅牌都來了，原來，玫瑰的型態與顏色創意空間這麼大，收集了這麼多不同的「玫瑰色」，主人自己心中所想又是什麼呢？阿金吐露他們最初的靈感其實來自英文諺語「玫瑰色的眼鏡」，雖然原意略帶貶義，形容人理解世界太過天眞幼稚，模糊不明，然而走在創業的路途上，有時候「戴著玫瑰色的眼鏡，看得不那麼清楚，反而是給自己一些力量，繼續面對問題，不管有沒有辦法解決它，但我就是要繼續前進我的人生。」

收書如尋寶，二手書店的奇遇與故事

只是，支撐他們向前奮進的動能爲何是二手書店？第一次見面，我就這麼好奇地詢問了，阿金大笑坦承「只是想找一份不用穿制服、套裝的工作。」姵

汝也靦腆誠實地說，進入書店工作的理由是「無法太早起，可以比較晚一點上班。」嚮往自在，熱愛閱讀，如此這般進入書店業自然不過，很湊巧地，他們都是從二手書店入門學習，從陌生到逐漸上手，越加了解越能體會箇中奧妙，後來萌生創業念頭，選擇最擅長的二手書領域毫無懸念，提及二手書的魅力，阿金與姵汝異口同聲地說：「二手書眞的非常有趣，因爲會遇到完全想像不到的書籍。」例如，阿金曾經到臺北市士林北投一帶的舊公寓收書，在委託人住家一堆檔案櫃裡，發現許多年代久遠的書籍，其中有一本薄薄的舊書，翻開一看「第一頁居然是吳濁流的簽名，我當場起雞皮疙瘩。」教科書裡的文學名家躍然眼前，阿金現今回想仍悸動不已，書籍收購之後，那本吳濁流親筆簽名的《波茨坦科長》在古書拍賣會上被收藏家標走，雖然當時爲人打工，無法親身擁有這份珍貴，不過阿金仍感心滿意足「至少我看過它，這輩子碰過這本書。」

與跨越時空、超乎想像的書籍相遇，是二手書店獨有的趣味，兩人多年來深陷其中，樂此不疲，這份工作讓他們有緣得見明清時期的線裝書，也意外觸碰過古印度的《貝葉經》，以鐵筆將經文刻寫在貝葉上，裁成長形裝訂成書，以樹葉取代紙張，完整保留至今，任誰見到都會嘖嘖稱奇，難怪在整個工作流程中，店主最愛收書環節。到府收書如尋寶，「能在第一線看到各式各樣奇奇怪怪的書。」接收遠方來書，則有如開福袋般充滿未知的期待，不過貨運寄送的一箱箱舊書，倒不盡然全是驚喜，偶爾拆到「恐怖箱」也頗爲驚嚇，店家解釋「因爲大家保存書籍的狀況不一樣，有時會拆到一些不該出現的生物。」讀者切莫擔憂，負責任的店家對每本來到這裡的書籍，都會先仔細清潔消毒，盡量還原到書本原始狀態，才會讓其上架見客，這間二手書店自我要求甚高，從商品到空間、實體到線上，無一不以顧客至上爲原則，步步嚴謹。

天井書櫃的意外浪漫，與書相遇，與愛相遇

「玫瑰色二手書店」通風敞亮，舒適的環境氛圍就是它的留客優勢，拿掉「二手書」字眼，完全感受不到一絲「舊」的氣息，一言以蔽之，這是間長得很像新書店的二手書店，新主人打開隔間，善用原格局劃分書區，架上書籍分類、排列井然有序。進門右手邊面積最大的文史哲商管區，藏書豐富種類多元，如同一般大型書店，類目清楚性質分明，用注音符號標註作者姓氏以爲引導，捷徑找書一目了然，這個空間亦是主人本身相當喜愛的閱讀角落，暖陽直射光線充足，坐在可愛的椅凳上看書，愜意悠閒。經過長廊往內走，還有一個煙火味十足的生活書區，這裡靠近老屋的舊日廚房，店主索性迎合它本來的性質，將飲食文學、童書繪本、休閒類與CD都擺放在此，當我一眼望見成套的《航海王》漫畫，包著透明封套一

列排開，簡直如獲至寶興奮莫名，同時不得不稱讚老闆體貼入微，將這些受到小朋友喜愛或材質容易破損的書，悉心用封套保護好，高規格對待二手書，對此，阿金說得感人，「我們覺得在這本書找到它的新家之前，應該好好保護它，如果你眞的對這本書有興趣，我們可以在櫃檯拆給你看。」

儘管尊重所有知識載體，然而「玫瑰色二手書店」並非來者不拒，例如過去曾被視爲書香家庭象徵的「百科全書」，在google、AI大行其道的現時社會毫無市場，只能無奈淪爲「時代的眼淚」，實在無法收購；另外有些被愛

書人「斷捨離」的舊書，由於版本或內容售出不易，店家本於服務精神收進之後，以「樂捐」的概念，將這類舊書集中於天井的「愛心書櫃」，只要投入一個十元銅板就能帶本書回家，一方面延續書籍生命，二方面可將這些收入捐作公益之用，可謂一舉兩得，意想不到的是，天井得天獨厚的日照與和風，意外讓「愛心書櫃」連帶受人青睞，響應者眾，此處兼具室內外優點，堪稱書店最浪漫的座位區，在灑落天光下伴著風聲鳥鳴閱覽群書，格外鬆弛紓壓，詩意情調太迷人，真有一對單身男女在天井遇到愛，修成正果，讓店家好生喜悅，想不到開一間書店，竟還能巧扮紅娘。

根據店主憶述，故事裡的男女主角都是因爲工作關係搬到新竹，某晚來到書店，無意間在天井相遇，雙方聊得投機，結帳離開後還在門外交談了一個小時，互相交換聯絡方式，一段時日之後，兩位客人連袂出現，不但已

親子書區也是許多客人經常帶孩子來消磨時間的地方。

經進階爲情侶關係，還是爲了借場地拍攝婚紗照而來，回到當初邂逅的天井紀錄愛情，現實世界的夢幻比偶像劇更動人，而這個童話故事下集，也比影視作品的情節溫馨美滿得多，婚後又過了一陣子，女主角挺著孕肚光臨，爲即將出世的寶寶到書店尋找教養書，後來再見到，兩人世界已然變成一家三口，父母牽著小女孩來書店看童書，並且告訴女兒「爸爸媽媽是在這裡認識的喔！」親子三人互動甜蜜，邊逛邊拍全家福照片，幸福洋溢，書店，果然是適合邂逅的好地方！

書頁間的隱藏人生，二手書店的日常觀察

近距離旁觀他人的軌跡，甚至不小心瞥見陌生人的祕密，阿金和姵汝的書店日常充滿始料未及的軼事趣聞，尤其二手書裡常見紙條夾藏，總讓他們「有

點害羞，看到人家的私密互動，好像在參與某個人的人生。」非常自制的店主，通常不會細看內容，避免冒犯，不過有些非關隱私的痕跡，偶爾會讓主人忍不住好奇稍加探索，像是某次在整理一本三民書局出版的《唐詩三百首》時，內頁翻出寫有兩家公司名稱及其股票代碼的紙張，阿金百無聊賴循線去查了一下股價，結果「不得了，如果他在買這本唐詩三百首的時候，就買了這兩支股票的話，那這個人簡直就賺翻了！」一手念唐詩，一手做投資，反差之大連我們也跟著拍手叫絕，直呼這二手書眞乃萬象世界，無奇不有。

二手書來源廣泛，承載萬千生活面貌，正因爲店家「沒有辦法完全主動地選擇。」反而造就它的多樣性，自稱書店大小雜工的阿金和姵汝，每天都在買賣之間與讀者和市場對話，可能在一段時間，大量收到同質性極高的書籍，由此可以判斷某個人在特定時期的關注偏好，以及當年的話題主流，而同類型

暖陽直射日照充足的閱讀角落是兩位店主的最愛。

BL專區

新上架！
NEW ARRIVAL
進來讀冊
都是好的
好好好好
羅馬不是一天造成的

的作品在不同時期，出版面貌也有所差異，雜工二人組經過多年磨練，已經內行到「光看封面或側面，就知道這大概是哪個年代的書了。」敏銳的判斷力，呈現於書店實體是不斷調整的主題變動，也許是「成功心法、致富習慣這陣子特別多。」便把它們集中一櫃進行標示；或者某位童書作者近期相當受到親子歡迎，作家本身也能自成一個主題，這些都是因應二手書店特性採取的「無聲溝通」，爲顧客營造便利，等於也在爲自己創造營收。

體貼來客，近幾年書店還特設一個「新上架」區，這是整個空間裡，唯一沒有明確分類的書櫃，由於固定常客來得頻繁，爲了幫他們省卻麻煩「不用整個繞一圈，全部看過才知道這個禮拜有哪些新的東西。」客製化打造新櫃位設想周全，連位置都特意安排在入口處，讀者一進門就能直接立定挑選，而刻意打散書籍不做分類，實則也有一番心思「這個書櫃的好處是，不一定會跟他

原本喜歡看的類型放在一起，他可能會在常看的那本旁邊發現新的目標，產生興趣，就會開始新的領域。」店家用心良苦，櫃檯旁就近聊天介紹，幫助顧客打破閱讀慣性，多一點嘗試探索。長期培養友善信任關係，「玫瑰色二手書店」常見讀者前來取書籍和CD，雙方互動宛如老友，有些交情深厚者甚至在搬離新竹前，會特地來此道別，幾年下來，兩位雜工已然完全融入當地，鄭重思考「要把戶籍遷過來了。」

舊書未完的新故事

除了用心經營實體店面，「玫瑰色二手書店」對網路下單亦不馬虎，話說危機就是轉機，兩位年輕小友實踐得徹底，堪為模範，開幕隔年就遇上新冠疫情，門前冷落車馬稀，他們索性利用那段空閒期，將所有書籍拍照建檔架設官網，現在回想充滿感恩，「如果沒有疫情，我們可能不會有時間做這件事。」轉念，即知即行，為書店另闢一個接觸讀者的管道，營運至今收效良好，積極的常客搜尋極快，店家往往剛匯入檔案還來不及實體上架，某本書就已經被訂走，這個媒介「對不認識我們的人來

說，算是蠻關鍵的，他會因爲想找這本書，而找到我們。」運用官網平臺和臉書社團擴大客群，書店不僅如預期開發出當地的市場潛力，「色員」觸角甚至伸得更遠，在臺北的《名人書房》製作團隊就是他們的忠實顧客，我個人的舊書下一站通常也是這裡，彼此往來經驗讓我們深信，書房裡的好物件來到「玫瑰色二手書店」必然會被同等珍視，並且賦予新生。

移居新竹這些年，大小雜工只用「幸運」二字概括感想，儘管當初剛遷入時，閒置已久的老房子佈滿灰塵，漂亮的鐵窗花鏽蝕嚴重，還得耗費一個多星期「用血和淚」磨去斑駁，然而一切是如此值得，如今書店井井有條，以書會友廣結善緣，立足第二故鄉，「玫瑰色二手書店」將閱讀帶入生活，初衷不改，始終堅持只賣書和CD，連飲料都不得帶入，極力呵護書店的主角，在這裡，知識爲重，不分新舊，只要你還沒讀過的，都是新書。

OWNER'S TALK

二手書的世界非常有趣，會遇到很多意想不到的事。

OWNER'S INFO

姵汝與阿金

因嚮往自由的工作，阿金與姵汝選擇投入二手書店創業，在陌生的新竹打造了「玫瑰色二手書店」。他們珍視書籍，細心打理書店，讓每本書找到新讀者，並以「愛心書櫃」延續書籍生命。疫情期間，書店迅速轉型，架設官網，讓書籍流通更廣。對他們而言，經營書店不只是生意，而是與閱讀愛好者共創文化空間，讓舊書擁有新故事，讓書店成為知識、回憶與緣分的交會之地。

MY FAVORITE

店主私房書

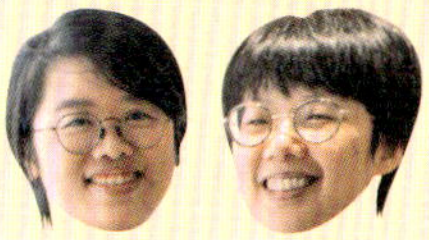

OWNER 姵汝＆阿金

喜愛繪本的姵汝，推薦寓意深長的圖文書，口吃男孩聽到很多聲音卻說不出來，父親帶他到河邊，告訴他「你說話像河流。」鼓足勇氣對河流發聲，翻轉缺陷，換個角度，缺點可能有意想不到的美；平安符裡的五百羅漢，一路護持小男孩成長，危難時刻羅漢救命，直到最後一個羅漢消失在風中，男孩終究要獨自開啟旅程，隱喻人生的感動繪本。

1《我說話像河流》
喬丹．史考特（Jordan Scott）
席尼．史密斯（Sydney Smith）繪
劉清彥 譯
拾光，2020

2《五百羅漢交通平安》
劉旭恭
親子天下，2020

3《人生路引：
我從閱讀中練就的28個基本功》
楊斯棓
先覺，2020

4《漫步華爾街》（新版）
墨基爾（Burton G. Malkiel）
楊美齡、林麗冠、蘇鵬元、
陳儀、林俊宏 譯
天下文化，2023

5《投資的奧義》（新版）
柏頓．墨基爾（Burton G. Malkiel）、
查爾斯．艾利斯（Charles D. Ellis）
許瑞宋 譯
今周刊，2022

6《奇蹟：我給自己上了一堂生死課》
吉兒．泰勒（Jill Bolte Taylor）
楊玉齡 譯
天下文化，2009

楊斯棓醫師的成名作，提煉28本書的智慧精華，對應人生各種需求與挑戰，作者以本身的閱讀引路，不做書摘，啟發讀者自成一格；講述投資的不敗經典，綜合理論與實務，穿透效率市場運作法則，獲取投資報酬，股市正熱，正是時候讀金律；簡化法則，同位專家寫給理財小白的入門書，書店老闆阿金不耽溺風花雪月，務實面對物質世界，建議長期可靠，安心投資的方法書；腦神經科學家現身說法生死經歷，正當盛年突然中風，理性左腦被剝奪功能，專業無用武之地，但同時右腦卻為他帶來前所未有的平靜喜悅，震撼人心。

非推BOOK

《如何給自己一份無價的禮物：自我教育者的閱讀寶典》
柯奈留斯．赫希堡（Cornelius Hirschberg）
謝汝萱 譯，新樂園，2018

AUTHOR
慶齡

早逝的父親遺留給兒子一個三百本書的大書櫃，開啟他終身學習的旅程，即使在校表現不佳、甚至失學，透過每天不間斷地閱讀，自我學習，用父親的書櫃感受知識的力量，終能送給自己人生一份無價的禮物。

A BOOKSHOP TOUR OF

Taiwan

2

山海之間

我們推廣閱讀

BOOKSHOPS LIST

04

見書店

基隆港邊與海為鄰的
文化據點

05

籃城書房

擁有國際視野的
庄頭書店

06

日榮本屋

麻雀雖小內蘊深厚的
地方微型書店

見書店

A BOOKSHOP TOUR OF Taiwan 04

基隆港邊
與海為鄰的文化據點

DATA
Add 基隆市仁愛區仁二路236號
Tel 02-2428-1159
FB 見書店 Sea To See Bookafé

一間書店，想讓人看見什麼?把提問當標題，「見書店」三個字直接了當又富含寓意。

位處基隆港邊，「見書店」得天獨厚呼吸海洋，門口「Sea to See Bookafé」看板字樣巧用英文諧音，明確標示：這是一間可以望見海洋，啜飲一杯咖啡伴書香的閱讀天地。然而，第一次登門拜訪，它與我的想像略有出入，跟海洋密不可分，卻不全然都是藍色大海的傳說；標榜在地，選書也不僅限基隆地方文史，相反地，小書店海納百川頗具氣魄，各種類型書籍應有盡有，至於預期中的海洋主題、彰顯地方精神的選書與刊物，扮演低調主角盤據大門右側，位置有利卻不過度張揚，老闆娘雅萍爽朗地說：「書店有它自己的個性，根本不是我左右得了的。」他不否認，剛開始的確想爲書店定調，但一段時日之後，發現書店的樣貌其實是由顧客所塑造，主題有其存在之必要，但毋須排擠其他「每個進來的人，有他自己的需求，我們是市區的書店，也是社區的書店，必須要讓進來的人，找得到他想要的書。」

「客座店長計畫」讓書店成為文化對話的舞臺

店主人靈活開放，一如他成長的這座海洋城市，雅萍是土生土長的基隆子弟，自小浸染海洋文化，性格開朗眼界遼闊，作爲書店的靈魂人物，自然環境養成的人格特質，爲本屬靜謐

見書店
Sea To See Bookafé

的閱讀空間帶來獨特的歡快氛圍，初次相見，熱情的雅萍話匣子打開便幽了自己一默，「我很喜歡搭訕！」此話一出，現場笑聲噴發，人際距離瞬間拉近，這個故事告訴我們，五湖四海運用得當，朋友就來了。開店不過幾年光景，廣結善緣的老闆已經爲書店收穫許多熟客好友，不過，要達到「搭訕」的最高境界，還得使出過人的非常手段，雅萍以「客座店長計畫」向我們展示了，跟誰都能一見如故，確實是種功力，並且極可能成果斐然。

話說「客座店長」這個書店年度企劃，發想最初是邀請幾位目標對象前來駐店，但樂在攀談的雅萍豈會錯過「在書店遇到的人」呢？他對自己的「直覺」深具信心，搭配無與倫比的「搭訕」絕技，爲「見書店」相中好些個民間高手，例如第一屆客座店長是位圖文創作者，除了發表自己的小誌，駐店期間開設的三堂課，講授技巧生動活潑，內容實用貼近生活，大獲讀者好評。另一有趣案例，主角則是位新銳導演，原本來店洽談短片巡迴演出事宜，眼尖店主發現劇照裡一些油畫作品，相當具有特色，乾脆詢問對方能否連同一併展出？雙方越聊越起勁，話題便自然導向「你要不要來當客座店長？」結果，可想而知，這一回合當然又是精準命中。

愛搭訕的女主人為書店營造歡快氛圍。

「搭訕」成果見於書店，是一個個不斷推陳出新的主題對話，時而電影、時而建築，還有音樂、繪畫以及族繁不及備載的諸多其他。儘管雅萍自己想來都不禁莞爾「好多莫名其妙被我拉進來的人。」然而，談笑風生背後其實滿是細膩用心，雅萍定義的美好書店樣態，近似文化的多重宇宙，要豐

「見書店」是共讀基隆24小時的先驅。

富繽紛，可交疊可轉換，因此「見書店」的創意發想不能閉門造車，必須由內而外多方交流，「客座店長計畫」正是他的行動實驗。「創作者可能很有想法，很有行動力，但也許缺乏平臺跟知名度，我這邊有空間，好像可以幫他補一點點。」由書店提供平臺，讓客座店長自由發揮所長、自行創造內容形式與讀者溝通，一個有限空間容納無限想像，拓展閱讀世界的多元角度，雅萍愛書，卻不拘泥於書，從書店開啟人生職涯，卻不囿限傳統的單一價值，書店反映了主人的成長思維，也謹守創設初心不變，追本溯源，它原本就是集結衆人願力，爲實踐文化理想而生的一間書店。

書店的誕生：從公民倡議到文化基地

說起「見書店」的前身，要回到當年的「深耕文化創意協會」，雅萍與一衆志同道合的友人，透過協會推動公民

倡議，長期致力在地知識的傳遞與推廣，彼時大夥兒擠在二樓空間討論，言談間不免豔羨如臺北的慕哲咖啡、高雄的三餘書店，擁有一個在路邊、可以隨意推門進來的據點，提供有心人討論議題思想交流，雅萍慨嘆「明明就在臺北旁邊，但基隆很多事情總是晚一步。」心中有念想，現實來應許，東岸廣場OT案適時出現，基隆人的身分加以內容項目符合在地公共價值，參與標案規劃極爲有利，之後，團隊順利得標，他們如願取得一樓邊角空間，對於這個夢想中的文化基地，曾經的命題是「公民咖啡」，然而思慮再三，終究認爲以書籍爲主體的場域更加切題，尤其雅萍出身書店，恰是經營的不二人選，各方因緣俱足，一切水到渠成，商業氣息濃厚的基隆東岸廣場從此添了股書香味，即使前後時期大型書店陸續撤出，仍有一間「見書店」屹立港邊，以在地視角持續記憶基隆的故事。

自稱「迷戀紙張味道」的雅萍，小時愛讀書，長大進書店，天生書緣深厚，大學畢業踏入社會的第一步就從大型連鎖書店出發，四年時間，他從門市店員做到整個東部地區的總盤

見書店
山海小市集
9.15
9.21
9.28
職感
生活月
OPEN-SOURCE FONTS
THE CANDY HOUSE
二手時代

點，回想青春打拚，雖然一個職務猶如八爪章魚，責任範圍涵蓋極廣，藝術書區、藝文空間外加美術、企劃都屬他的守備區域，多工多勞，愛書人卻不以爲苦，畢竟初出茅廬就能達成「在有書的地方工作」這個小心願，並可免費借閱店裡的書，還有什麼職業比這更夢幻的呢？當年以「賺到看書」爲滿足的雅萍，怎麼也沒想到，十幾年兜兜轉轉，歷經結婚生子各種階段轉變之後，人屆中年又繞回最初夢想的起點，如今，在書店工作的福利豈止外借兩本書回家而已，書店本身的存在就是生涯最大的福利。

未來讀者養成計畫

在另一半「陳董」的支持下，雅萍在「見書店」裡不受框限完全做自己，每天上班進門第一動，先走到櫃檯後方，脫掉鞋子解開束縛，自由自在光著腳丫成天跑上跑下忙活，如此灑脫

讓受慣了約束的我一時間大感驚奇，心想「這老闆娘可眞隨興啊！」看我面露詫異，雅萍笑著自剖「我喜歡腳踏實地，只要可以打赤腳的地方，我都會這麼做，去感受人與土地的連結。」自然直率眞性情，堪稱店內活招牌，環顧現場，幾乎每個來到「見書店」的客人都已見怪不怪，人們從陌生到熟悉，引力來自老闆娘一視同仁的熱誠招呼，即使一杯飲料消費到底的學生族群，同樣享有VIP級的友善禮遇。

「有位來到店裡的作者說，我們是在進行未來讀者養成計畫。」搭配略顯得意的表情，雅萍聊起店內爲數眾多的學生顧客。

背著書包的年輕客群川流不息，是「見書店」裡一大特殊風景，《名人書房》團隊第一次來此拍攝「走書房」單元，便捕捉到由小至大各級學生，熟門熟路地魚貫而入，隨後各自安靜待在二樓座位區喝飲料溫書。在「見書店」有低消沒限時，店家非但不催促趕

人，有時甚至加贈一塊蛋糕給這些久坐的小客人，如此「佛心」讓我聯想起當年文人匯聚的「明星咖啡館」，小說家黃春明點杯咖啡寫一天稿，老闆索性外加一杯熱牛奶與肉桂捲給一旁的稚子黃國珍當點心，多麼溫情的人間風景！對於我們的稱許類比，雅萍反倒靦腆起來，「沒有啦！不然怎麼建立他跟書店的信任關係。」家有大學生，爲人父母的店老闆自認不過是將心比心，「如果我在一個地方有好好對待別人的小孩，我的小孩在另外一個地方，也會有人好好對待他。」

或許就是這股友善的家庭氛圍令人安心，在此用功，讀起書來似乎特別高效，雅萍形容「有點像是都市傳說，就是來這邊看書，都可以考到自己想要考的學校。」據他記憶所及，故事要從書店成立第二年說起，一名高二學生來到書店，莫名一反常態收起玩心，開始自主認眞起來，結果金榜題名高中臺大，如今，主角已經大學畢

圖文書豐富是「見書店」選書一大特色。

業進入職場，仍與書店保持聯繫，緣起不滅，這麼有建設性的情節，鼓勵莘莘學子們接力續寫文昌傳說，「見書店」儼然成了另類K書中心。只是，爲考試而念的教科書畢竟乏味，埋首苦讀之餘，挑本課外書解悶，閱讀趣味頓時大增，書店經營者深知，翻開一本好書，猶如打開一扇觀看世界的門窗，而探索心智地圖的旅程一旦開啟，年輕人將會終身受用，因此，對於這些「未來讀者」借閱架上新書時有通融，店家之鼓勵用心，誠如雅萍所言「他覺得這件事情是有趣的，才會可長可久地持續下去。」

「見書店」的核心價值：自由與多元

幾乎每個投身書業的人，自身都有一段受惠於閱讀的美好經驗，雅萍也不例外。他形容自己成長的房間，就像堆滿一疊疊書本的小遊樂場，大學畢業投履歷到書店求職，再自然不

春日晒書市集
見書店

過。「我覺得工作場域裡有書，是一件很幸福的事情。」如何將這種美好感受，傳達給更多人，需要源源不絕的創意加以實踐，藉由書店這個「大遊樂場」，主事者可以天馬行空賦予閱讀更多可能性，吸引更多人前來體驗，店內，利用空間配置表達想法、引導動線；室外，安排走讀、設計活動，把書本知識具象化與生活結合。「見書店」自創設以來，一直採取兩軌並行的策略，尤以在地文化的探索，成效最爲顯著，架上書本刊物的內容，透過身歷其境實地體會，當讀者見到黑鳶在眼前振翅飛舞，解說基隆港生態系的生硬文字隨即鮮活了起來，根本無須背誦強記，知識自然內化；同樣地，唯有親身進入當年的防空洞，在歷史現場撫今追昔，前人走過的痕跡

才算眞正有了溫度。

凡此種種，皆是書店的日常，一方面走出戶外將閱讀立體化，另一方面活用店內書架形成概念。每間書店多少都帶有主人的影子，以「見書店」來說，從選書圖文兼具而且配比相當，可以看出店主對圖像閱讀的重視，沒錯，雅萍本身正是專長美術，尤其注重視覺，他把私心最愛的繪本排滿正對大門的一面書牆，類型多元、題材不限，一次滿足所有年齡層的大小讀者，知識、啟蒙、教養、橋梁書無所不包，不過這位「繪本控」媽媽老闆走的可不是傳統的溫馨路線，他自己偏愛「nonsense的、那種毫無理由的天馬行空，同時也滿喜歡暗黑風格。」聽來雖然有點搞笑，但也十足反映了本人自由派的行事作風，百無禁忌。記得雅萍爲「走書房」推介的第一本書《紅線：我的性紀錄》，內容記述一位女性毫無保留的性經歷，大膽選材當即令我們稱奇又佩服，不過，礙於電視節目播出的普級規範，只得請雅萍另選一本安全讀物在鏡頭前分享，至於這本女性角度的身體敘事，就請感興趣的讀者們看完本文後自行延伸閱讀囉！

「見書店」的在地出版計畫：記錄基隆的文化與美食

「只要不違背我們的思想，哪類書都可以進來。」雅萍如是說。在他的書店，首要考量是價值取向，從經典文學到土地認同，從奇幻怪談到坂本龍一，題材不限、新舊不拘，有些必要存在的理想如《台灣人四百年史》，則屬「如果它不絕版，我們就不會下架的書。」如果大歷史太沉重，縮小時空範圍還有在地刊物《東北風》，由八斗子的文史工作者獨立出版，「見書店」除了提供實體空間寄售，也自行出版店刊投入紀錄家鄉的行列，從二〇二〇年起發行《覓基隆》雜誌，創刊號主題「海人」專訪主角正是《東北風》創辦人許焜山。

從《覓基隆》的誕生，可以進一步了解「見書店」求新求變的特質，好動的老闆娘每逢歲末年終，都會與同仁聊聊「你明年想做什麼？」面試新人，也會提問對方「你來這邊想要做什麼？」雅萍始終認爲，書店不是集中領導的機構，而是互相成就的地方，每個人都帶著自己獨特的想法來到這裡，應該被賦予同等機會提出願景，群策群

美好的魚腥味
2020年 創刊號
ISSUE NO.1
海
人

力完成想做的事情。《覓基隆》便是在這種工作氛圍中激盪出來的產物，先由一位「想做雜誌」的同仁提出構想，幾經討論，發展出日式風格的視覺方向，最後確立爲四折的單張紙本店刊，雖然書店不大，成員不多，能動性卻強，他們克服疫情等不利因素，持續出刊三年不輟，累積可觀內容與經驗值，來到第四年，《覓基隆》已從創刊時的單張增厚爲一本，而這段探索之旅未曾停歇，至今仍是現在進行式。

初試啼聲「玩」出心得之後，雅萍從各個不同腦袋提煉創意、整合動能的功力更上層樓，「見書店」再接再厲又自創一本《覓食基隆》。顧名思義，這是一本美食小吃誌，民以食爲天，觀光客來到書店，往往順帶問上一句「附近有什麼好吃的？」顧客需求很實際，書店回應很實用，「既然那麼多人問，不然就來做一本，我們在書店都吃些什麼的書好了。」玩笑間，《覓食基隆》提案成形。除了老闆、店員全體總動員吃遍基隆，親自考察以示負責，在地飲食作家曹銘宗、詩人簡玲，以及與書店相熟的五位畫家，也被拉進這個企劃案擔任美食嚮導，十六位引路人口味殊異，各有所好，全書最後統合出七十三家在地小吃，內容圖文並茂、風格多元，教人一翻開就忍不住食指大動，不瞞各位，這本極度刺激味蕾的基隆美食指南，一不小心就被我拿到櫃檯結帳了。

「我們美其名是田野調查，其實是滿足口腹之欲。」雅萍笑著坦承，編撰

海洋文化與臺灣歷史凸顯書店在地特色。

《覓食基隆》雖然費神耗時，過程卻是人人身心暢快，一個「覓」字，多重意義，參與的創作者一面探訪覓食，一面覓尋自己的文筆畫風，「覓」的起點是爲人帶路，結果是歡喜成就自我，雅萍說「這本小誌是從書店遇到的人出發。」所遇者，包含書店內外提問的人、回答的人，將彼此偶然的交會延展出各自積極的意義，我們不得不佩服店主穿梭人間的能耐，他懂得把握相遇，還擅長製造相遇，對於心中欲見而難以遇見之人，索性主動出擊「化不可能爲可能。」例如知名作家吳明益。

這間書店，讓人看見的不只是書

儘管連東華大學的實習生都不看好，甚至直接請老闆娘死心，「怎麼可能約得動吳明益老師來幫我們選書、辦講座，他是神耶！」雅萍卻深不以爲然，直接打開電腦發信邀請，作家當時雖不克分身前往，卻誠意表示黑潮島航的海洋書單，書店可逕自取用並掛名無妨，友善回覆讓店主大爲感動，更大的驚喜則發生在一段時日之後，作家發表新書《苦雨之地》，出版社主動洽詢「見書店」作爲座談場地，雅萍聞訊簡直喜出望外，被放在心上的溫暖至今猶存，他感性地回憶「這對我的書業生涯來講，是一件非常非常動人的事情。」

「沒有不可能」的積極心態，造就「見書店」與衆不同的獨特個性，它甚至是基隆第一間試辦「二十四小時不打烊」的書店，聽來確實不可思議，連大型連鎖書店在此地都不敢輕易嘗試的作爲，一間小書店卻「想做就做了。」店主人膽大心細，運用企劃力與執行力把市長候選人的選舉政見變得眞實可行，讓「臺北隔壁的基隆」也能高唱書店徹夜未眠，同時打破人們對獨立書店固有的想像框架，如今，提起「共讀基隆二十四小時」，當地人不做他想，首先連結的就是「見書店」，一舉提升書店知名度，雅萍的確做到了「讓大家記得我們的存在。」

時至今日，「見書店」依然維持每月第一個週六連續二十四小時不打烊，從早上九點營業到隔天周日早上九點，其餘周六日則延長至凌晨兩點，即使周間平日，營業時數也長達十一個小時，在我走訪過的獨立書店當中絕無僅有，它看似處處特異，所有行動背後的念想卻極其單純，惟店主所言「向前走」而已，每年突破一小步，創新一哩路，基隆港邊這間獨立書店，永遠致力於讓我們「見」到相同的價值，不同的風貌。

我們是市區的書店，
也是社區的書店，
必須讓進來的人找得到他想要的書。

OWNER'S TALK

OWNER'S INFO

楊雅萍

基隆土生土長，擁有大型連鎖書店的豐富經驗，雅萍將書店打造成文化交流場域。他擅長與人對話，推動「客座店長計畫」，邀請不同領域的人士駐店，讓書店成為跨界對話的平臺。雅萍亦參與編輯地方刊物《覓基隆》，記錄港都故事，深化地方文化。開放、靈活的經營理念讓「見書店」不只是書店，更是社群聚點與思想交匯之地。

MY FAVORITE

OWNER **雅萍**

店主私房書

自己的書自己推，作者群遍嘗美食合力完成的小吃指南，老闆拍胸脯掛保證，來基隆吃好料，按圖索驥絕不踩雷；鑽研吃食之外，書店日常其實諸多繁瑣，圖文心得表達生活哲學，專注眼前才能事半功倍；生命體會、感知，個人經驗無需袒露可視，人類的心靈需要與自己獨處，韓國重量級作家韓炳哲直視現代社會無所不在的「透明」控制，揭穿假性理想有害的虛偽神話；同為大人的繪本，解開新舊相對的概念看世界，時間之流兩側的風景將有所不同。

1 **《覓食基隆：見書店周邊美食小吃誌》**
楊雅萍等
見書店
2024

2 **《慢漫生活：用更長的時間，完成想做的事》**
沈恩民
游擊文化
2023

3 **《透明社會》**
韓炳哲
(Byung-chul Han)
管中琪 譯
大塊文化
2019

4 **《他們的眼睛》**
海狗房東
陳沛珛 繪
維京
2023

非推BOOK

《想法誕生前最重要的事》
森本千繪
(Chie Morimoto)
蔡青雯 譯，臉譜，2024

《暫時先這樣》
陳沛珛
大辣，2024

AUTHOR **慶齡**

日本知名創意人森本千繪統整自己的工作經驗提供方法，觸動讀者從日常生活發現趣味，提煉意識，找到自己的原創；自由發想創造動人作品，「繪本控」老闆力薦都會女子群像圖文集，10個故事、10種日常，平淡卻深刻，細膩畫進你我心坎裡。

A BOOKSHOP TOUR OF Taiwan 05

籃城書房

擁有國際視野的庄頭書店

DATA

Add　南投縣埔里鎮籃城5巷4號
Tel　04-9291-3258
FB　籃城書房- REST Book & Bed

埔里鄉間有家洋派的獨立書店，名叫「籃城書房」。

鄉間？洋派？是的，別讓僵固思維限制你的想像。「籃城書房」位於南投縣埔里鎮籃城里，這裡是個小農村，書店距農田不過幾步之遙，甚至直接以村落命名，確是鄉間一書店無誤；至於洋派則是我個人的淺白形容，整間書店無論設計氛圍、選書選品、餐點酒類，乃至主人的背景作風都很歐美，除了「洋」，還眞找不到第二個更簡單貼切的用字了。

種一間國際化書店在本地農村，並漸次延展出住宿、餐飲、美術館，使之成爲一處在自然裡讀書、人文中生活的愜意所在，這麼有趣的概念，出自一顆超強大腦，他就是人稱「嘿媽」的語言學家羅麗蓓教授。

閱讀即生活，分享幸福的產業

學者別名「嘿媽」？怎麼樣，再次顚

覆想像吧！其實嘿媽一點也不「黑」，這個奇妙稱謂起自當年念小學五年級的兒子，國外成長的孩子口音難免有點「洋腔洋調」，某日下課與其他小朋友在書店裡做功課、玩耍，看見媽媽進門，隨口招呼了聲「Hey, Mom!」竟逗得身邊玩伴大爲興奮，連聲喊著「嘿媽來了啦！嘿媽來了啦！」從此，嘿媽之名不脛而走，籃城鄉親從老至幼全喚他嘿媽，順口親切零距離，當事人更是十分滿意這個別稱，「我很喜歡這個啊，所有人都叫嘿媽，不然的話，那個老師很奇怪，做什麼地方創生？而且還占人家便宜，八十五歲也叫我嘿媽！」

講話語速超快，一心可以八用的嘿媽就是這麼直率可愛，除了學問高深，沒半點學究味，他旅居德國十多年，念完碩士拿博士，回國後到南投暨南大學任教，埔里盆地清晨霧氣繚繞，氤氳詩意像極了記憶裡的多瑙河畔，而籃城這個小村莊安靜舒適，悠閒氣息宛如從前國外的住處社區，在此打造理想的生活環境，再適合不過了，「籃城書房」就是嘿媽熟悉的美好日常之具體實踐，一個可以好好讀書，舒心生活的地方。

「舒服的意思不是奢華，不見得要怎麼樣的金碧輝煌，或什麼樣的考究，沒有，它就是我們日常生活裡，應該要有的一個讀書的環境。」閱讀即生活，不僅需要營造舒適空間，嘿媽也很懂得創造時間，早年住在國外，去自助洗衣店等待的空檔，他會用來購物與逛書店，回家後煮飯的空檔，正好可以閱讀剛才買的新書，他擅長把所有空檔都拿來讀書，有時也會把一整天都變成讀書的空檔，因爲讀書而感到幸福，所以「開書店來分享這種生活餘裕的快樂，覺得是在從事一種幸福產業。」

馬克吐溫說「增加幸福感的最好方法就是與人分享。」那麼，嘿媽開書店堪稱一舉收獲雙重幸福，既有閱讀之喜，又得分享之樂，難怪每回見他，都像顆充飽正能量的勁量電池，嘿媽總說：「有些書能讓你知識淵博，說話有趣。」他本身就是把書讀到骨子裡的最佳例證，貨眞價實學富五車，言語擲地有聲，表達風趣幽默，跟書很熟的他常開玩笑說：「我看書的功力很深喔！而且還習於閱讀哲學辯證或大部頭的書，推薦書籍給顧客應該難不倒我吧，所以就信心十足地開了一家書店，不擔心有誰來踢館。」

服務到位，包辦讀書吃飯睡覺人生三大事

內功深厚的踢館高手，開業十多年至今尚未出現，倒是遇過不少老外出沒，有一回進來幾個陌生的西方臉孔，嘿媽上前招呼，得知對方是德國人，隨即切換德語模式，令來客又驚又喜，文化隔閡瞬間消弭，孩子開心翻閱店裡的德文書，大人則快意暢飲家鄉味的德國啤酒，一行大小彷彿回

到自家般舒適放鬆。另一次與德國朋友互動的難忘經驗，發生在一場異國聯姻的婚禮過後，男方德國親友當晚下榻書房民宿，主人特地爲這群遠道而來的訪客開放書店，德國朋友看到店裡整排德文書，眼睛爲之一亮，得知老闆的背景經歷之後，終於恍然大悟，爲何人在異鄉卻有種回家的感覺，主人順手拿起架上一本《策蘭詩

選》，有一位當場就念了起來，嘿媽自覺有趣的是「我這輩子沒想過，有一群德國人會在籃城書房讀德文書，讀英文書，讀各種書。」那一晚，人影雜沓但全無喧鬧，嘿媽想起自己旅行德國時逛書店的畫面，似曾相識。

如果沒有兼營民宿，這場別開生面的國際讀書會可能便無從發生了。當初書店二樓空間之所以規劃住宿，本意爲「專長換宿」，邀請具有專才的演講者到書店分享，主人招待住宿替代鐘點費，並歡迎講者攜家帶眷前來南投一遊，沒想到，部分講師住得太過舒服，表明不開講座也想付費來住房，嘿媽索性申請合法民宿，將讀書吃飯睡覺這人生三大事全包了，「籃城 REST Book & Bed」就是這麼來的。

十多年來，嘿媽一路「應顧客要求」擴張服務，剛開始，體貼爲外地來的書店講師安排住處，結果開起了民宿，住客需要吃食，他從包水餃做到德式料理，民宿一棟不夠塞進客人全家老

小，再整建旁邊用地打造新館「籃城枕書眠」，既然都要大興土木了，乾脆連同自己的理想「大灶美術館」一併實現，就這樣，漸漸地演變成現在的「書房度假中心」，有些讀者專程來此long stay徹底鬆弛身心，不去日月潭也不訪其他觀光景點，果真只待在書店裡讀書吃飯睡覺，獨享一段悠哉快活，是不是聽得好生羨慕呢？我們團隊眾人以自身經驗打包票，到此一遊保證上癮，「籃城書房」民宿潔淨舒適高品味，每個房間都有專屬風格，也不用擔心晚間書店打烊，房裡早已備妥主人貼心挑選的讀物伴眠，隔日起床，在玻璃屋裡迎接天光享用豐盛西式早餐，接著，把書店當自家客廳，大方瀏覽自在閱讀，口渴了來杯當地特產紅甘蔗汁，新鮮甘甜沁入心脾，午餐也別怕餓著，嘿媽的德國家常菜道地美味，豬腳、香腸都拿手，連我那不重口腹之欲的搭檔尚彬都讚不絕口，我自己則最愛嘿媽手作麵疙瘩，食物撩撥記憶，寫著寫著又想抽空奔往「籃城書房」而去了。

打造閱讀的多重宇宙

嘿媽是個博學家，心思重點當然不在俗人我輩的吃喝玩樂摘要，事實上，興建二館「籃城枕書眠」除了滿足日益增多的住宿需求，主人真正心心念念的是一座「社區美術館」，他強調「閱讀不見得一定就是文字上面的知識傳承，對世間萬物認知、體察、品味、習得，都包含在閱讀的概念之中，閱讀世界、閱讀自己，做很多事情都能讓自己生活更加豐富。」嘿媽閱讀的多重宇宙，親近藝術是重要一環，他深知埔里盆地不比都會享有地利之便，因而動念把展覽帶進籃城，在地人可以就近欣賞感受藝術，生活上的全面供應也能創造條件，邀請國內外藝術家前來駐村，至於取名「大灶」，理由很單純，頭腦發達、廚藝了得的老闆本身喜歡大灶，而美術館位

置正好面對著廚房大灶，主人下廚時透過大片落地窗玻璃望去，美術館丰姿就在眼前，藝術生活化，在地國際化，「籃城書房」每項行動都在打破界線，而且不限自家書店所在範圍，嘿媽的越界之舉早已及於整個籃城，甚至遠至山林了。

「我不是只獨善其身，我的想法是，要重新定義公共空間的使用方式，也就是說整個籃城都是我的大客廳。」嘿媽解釋，籃城是個漂亮集村，農田在外圍，人們集中居住在村莊裡面，生活在此，每天進出的空間實際擴及整個村莊，當地社區發展協會早前就在社區牆面彩繪先民生活故事，嘿媽於是以此作爲計畫起點進行田野調查，師生協力研究訪問當地耆老，探求籃城的精神內涵，他們得到的有趣資料之一，是關於當地練武強身的文化源起，原來當地人練武術是爲了護水灌溉，農業社會生存所需養成血液裡的強悍基因，當地人引以爲傲，無怪乎

A Field Guide to the
Birds of Taiwan
FORESTRY BUREAU
Wild Bird Society of Taipei
基因社會
靜物畫
創意連繫
藝術治療與生涯諮商
大吼大叫的企鵝媽媽
斯文豪與福爾摩沙的奇幻動物
鳥類學
鳥兒在唱歌
愛旅行的候鳥

牆面上畫的祖先姿態，多爲武術、挑水、耕種等生活樣貌，「籃城書房」延伸彩繪概念，在社區建構文學巷弄和文學牆，美化公共空間並爲更多人留下記憶，與社區團結共好，有民衆主動來到書店，請求將他父親與柴犬茶米的故事畫在自家倉庫臨籃城路的牆面上，讓父親開心，書店籌畫一年，號召大小朋友一起參與彩繪，連主角家的親戚小孩也加入，最後大家合力完成孝順女兒的心願，籃城的鄰里互動，嘿媽分享道來，都是人情點滴綴成的溫暖。

自然與人文展演的平臺，形成幸福的生活記憶

連結在地凸顯特色，書店運用的另一重要元素是籃城的鳥，這也是田野調查重要的研究發現之一。籃城是候鳥重鎭，每年入秋後，黃鶺鴒從北方陸續飛來，白天在水田、河堤覓食，晚間在紅甘蔗田過夜，成千上萬的鳥浪景象壯觀；沿眉溪往低窪處走，茭白筍田裡則可看見成群高蹺鴴，白身黑翅紅長腿相當醒目，將本地固有的自然元素加入文學牆，以鳥作爲社區導覽員，嘿媽的社造與書店理想密不可分「結合文學與自然，希望這裡的居民與到來的訪客，都能察覺到美感空間與文化脈絡，自然而然形成幸福的生活記憶。」

「鳥事」見多，幾年下來，嘿媽自豪表示已從門外漢逐漸進入門道，甚至可以披掛上陣爲人導覽，他引進專家系統，長年與南投縣野鳥學會合作，策畫每個月一場自然生態講座，並且眞的走到戶外進行鳥類調查，連同候鳥季一年十三場賞鳥活動，全方位汲取知識，嘿媽開心分享六年籃城鳥調研究總共發現了六十一種鳥，並持續以「鳥」作爲籃城社區當代元素的藝術作品，繪製在社區牆面的「鳥圖」旁還附上QR code，掃描一下就能聽到不同的鳥叫聲，臨場感十足。在此附帶一提「文學鳥事番外篇」，嘿媽竟還記得兩年前到訪時，他推薦給我的一本《愛情的哲學》當中，論及灰伯勞的擇偶習性用以比擬人類的心理狀態，強大記憶力令我爲之嘆服，想來，下次見面，他也會從其他範疇獲得新知又一輪融會貫通，再與我聊起這回推坑

的兩本《她物誌》與《幸災樂禍》吧！

認識世界更多，新書閱讀更快，嘿媽常開玩笑說「開書店假公濟私啦！」這公私雙贏著實利人利己，社區的孩子沉浸式教育成長，對各種鳥類習性如數家珍，擔任導覽介紹家鄉給外地人，往往驚豔來客，讀懂家鄉，接軌外界，嘿媽希望「書店就是一個自然與人文展演的平臺」，店內講座題目大多不偏離這項主張，其中他特別提到一場在地子弟的新書發表會，時年二十二歲還在讀臺藝大的學生林敬峰，揉合山海體驗與人文觀察寫出《山獸與雜魚》，從生活淬鍊出環境文學佳作，嘿媽讚賞不已引爲範例，並且一再強調這位出色的年輕作者可是「我們埔里的小孩喔！」

致力於結合身邊自然資源轉譯富有人文精神的在地生活，是「籃城書房」一貫的經營主軸，原則上以自然生態與認識美學兩條軸線，彼此相輔相成進行，自然生態除了籃城的鳥、籃城的水，山林植物花卉盡皆納涵其中，嘿媽驕傲地說「埔里花卉中心一直在籃城，歐美Christmas那個聖誕紅，其實是我們種的啊！」還有，他提醒我早餐品嘗的超甜玉米筍，可是前一晚才採摘下來的，另外，當地特產紅甘蔗直接榨成汁，純度一百分也是在地獨有，上述種種都是他經常爲外國朋友導覽的籃城特色；另一條軸線認識美學，既有鄉間生活之美，也常態性結合「大灶美術館」各項展覽活動，穿插講座與工作坊，藉藝術沉澱心靈提升感受力，我們最近一次到訪，適逢展出《往返。之間》療癒之光圖文聯展，一場疾病風暴劃出一道生命間隙，兩位創作者以擅長的圖文技巧紀錄往返於治療疾病的時間與空間，將內心的茫然無助轉化爲能量，傳達一種生命態度，觀者透過所見共感同悟，一趟往返，我們各自領略。

自編自寫出版品，以走讀親近社區

很忙的「籃城書房」就是這麼經由一個個跨界互通的企劃，結合自然與人文擴大生活閱讀的想像，但它的具體作爲遠不止於此，爲了把埔里鄉村人文放上國際，也希望大家習於閱讀國際思維，書店精心籌畫推出自家出版品，圖文並茂而且每一本都採中英雙語對照，對於自家傑作，嘿媽很有信心地說「這四本書都是我們嘔心瀝血的作品，像《籃城很有事》已經老老實實地賣了第一刷一千本，我是從來不送書的，你要讀這本書，你就買，才會珍惜。」內舉不避自家出品，嘿媽再加碼預告第五本的企劃主題《外行看內行》，從菜市場出發介紹整個大埔里，所有「籃城書房」的出版品無論主題是籃城、船山、蜈蚣崙或珠仔山，每一本後面都附有走讀指南，讀者可自行參閱規劃行程，也能接洽書店安排走讀，嘿媽進一步說明「走讀對我來說是一種多層次的敘事方式，在步行過程中結合藝術裝置、口述故事或現場表演，讓參與者以不同方式理解空間與社會。」

這種以行走親近社區的方式，不僅適合大人遊客，也是帶小朋友認識自己家鄉的絕佳生活教育，與課輔班合作的兒童走讀，嘿媽同樣採用中英雙語模式進行，其他來到書店的課後學習，包括語言運用在內，都著重於從小培養國際視野，學生們可以藉著一頓飯學習西餐禮儀，也有機會聽著英語講解、參照外文食譜做餅乾，嘿媽從自身經驗出發，強調讀第一手資料的重要性，他回憶當年旅居德國時，除了大量閱讀，每天一定看兩份報紙，一份全國報紙、一份地區報紙，唯有藉此了解社會脈動，才能融入當地生活「因爲他講話，如果你沒有背景常識，你就不知道他在說什麼，外國人

埔里特產和德式料理是籃城書房的特色美食。

地中海料理
全魚解構與料理
食品的科學
食學
超級大腦

超在意這個的。」嘿媽同時以翻譯書爲例，許多好內容都在出版若干年後才有中文版問世，倘若能讀懂原文書，便能更快地掌握新知，面向世界，我們也能具備一定的語言和知識基礎，對外國人從容地介紹自己。

讓好書被看見，最稱職的書店老闆

雖然主人並未以個人偏好作爲唯一選書依據，但整體而言，「籃城書房」的書架確實非常國際化，翻譯書多於華文書，並且除了英文，德文直譯本佔比相當高，至於類型與其說廣泛，我倒覺得應該形容爲知識性強，嘿媽分析自己的選書大致上有兩種模式，一種是讓你知識淵博說話有趣的書，另一種是會增加你的同理心。他坦言自己「就是一個學者，學者的概念，或者說一個讀書人的風範，就是要對自己有一些成長。」他進一步解釋，讀書是爲了拓展知識，看到世界的多樣性

以族語講述噶哈巫族守城部落
傳統過年故事的繪本
《年到了！聽阿公說以前的過年》。
身為語言學家的嘿媽
也選了許多關於傳統語言的書籍。

和挑戰性，同時讓我們突破個人有限的生命經驗，豐富人生閱歷，理解悲歡離合，從而深化同理心「就比較沒有那個酸味在裡面。」

由於年輕店員來報到，這兩年「籃城書房」多了一些漫畫書，嘿媽認爲也無不可，一方面補自己之不足，二方面漫畫的確容易銷售，他看待閱讀向來態度開闊，自己不懂的領域就交給「店小二」挑選負責，對於書店，他的基本理念非常務實「書店要能獲得顧客的認可，首要之務是選的書能獲得顧客的支持。書是書店和顧客之間最大的交集，透過店員適當的引薦，讓書被看見，甚或打動對方啟發他的閱讀欲望，這就是書店的功能和目的。」

引薦好書，嘿媽本身絕對是最稱職的書店老闆，新書往往進貨不久，他就將內容全放進腦袋裡了，與書店夥伴聊起某本新書，總是引來驚呼「不是前天昨天才進來的，爲什麼嘿媽看完了，是都沒有在睡覺嗎？」其實，我們也有相同疑問，這麼忙碌的嘿媽，如何能讀得又快又好？當事人釋疑「我對很多東西都充滿了好奇，就覺得這是一個快樂生活的方式，其實看書不忙啊！」從小愛讀書，嘿媽順便分享了一段高中往事，少女時代看卡繆、卡夫卡，一路讀完新潮文庫所有翻譯文學，又對哲學辯證感興趣，於是就讀遍了學校圖書館的書，老師見每本借書卡上都有羅麗蓓的名字，忍不住問他「你是真看，還是只有蓋章？」當時，年輕自信的羅同學直接請老師隨便找一本當場考他，聽得我們哈哈大笑又深感佩服，做學問，長期累積，看似讀得好吸收快，其實是奠基於不斷堆疊增厚的智識學養。

從小養成閱讀習慣，是嘿媽全家的日常，孩子們小時候看的原文書，現在拿到書店與其他小朋友分享，「籃城書房」裡所謂舊書，幾乎都是主人家

大灶美術館把藝術搬進鄉間親近地方。

的原有藏書，因爲值得一讀，因此把它們公共化歡迎大家取閱，書店本身仍以販售新書爲主，嘿媽非常欣賞位於美國奧勒岡州波特蘭市的Powell's City of Books，據說是全世界最大的獨立書店，在同一個空間展售新書與舊書，也就是說同一主題的書同時提供新舊兩種選擇，或許這樣的創意規劃有朝一日也能落實在「籃城書房」。

走過十多個年頭，這間書店在不斷「順便」擴增服務的過程中，自我豐富成長，與他人緊密相連，深耕在地放眼國際，呈現出一種獨特的跨文化樣貌，很難一言以蔽之它所有內涵，就像店裡到處潛伏的獨角獸，奇幻而有魔力，主人嘿媽形容自家是「擁有國際視野的庄頭書店，做事認眞勤奮，嚴謹負責。」註解到位，身爲讀者和旅客，我還想幫它補充兩句，「籃城書房」是現代人體現美好生活的最佳範本，而且全年無休，嘿媽說「生活有休息的嗎？」嗯，我被療癒了。

OWNER'S TALK

開書店來分享生活餘裕的快樂，是在從事一種幸福產業。

OWNER'S INFO

羅麗蓓

語言學家、人稱「嘿媽」，以學識與熱情在南投埔里農村打造出具有國際視野的籃城書房。他不僅將閱讀融入日常，更延伸發展住宿、美術館與出版計畫，構築結合自然與人文的文化空間。籃城書房不只是知識交流的場域，更是社區共學的平臺。透過出版與走讀計畫，他讓埔里的故事走向國際，也為書店與地方創造無限可能，使籃城成為閱讀與生活的理想之地。

MY FAVORITE

OWNER **嘿媽**

1 **《籃城很有事》**
籃城書房很有事團隊
籃城書房，2018

2 **《船山巡航》**
唐淑惠等 主筆
吳帷稜 主編
籃城書房，2019

3 **《蜈蚣有靠山》**
羅麗蓓等
籃城書房，2021

4 **《溪南明珠》**
唐淑惠、羅麗蓓
籃城書房，2022

5 **《鹽徑偕行：鹽漬入味的雙人苦旅，在英格蘭西南海濱小徑》**
蕊娜．文恩（Raynor Winn）
蕭寶森 譯，野人，2022

店主私房書

自有出版品，主人有信心，每一本都是精心籌畫、完美執行後的傑作。籃城人與自然的緊密關係，護水務農衍生的武術傳統，候鳥年年探望的壯觀景象，獨特的農村生活全數收納其中；埔里盆地古稱綠湖，雄踞西北入口的愛蘭臺地，遠望像艘大船，俗稱船山，千年歷史文化，完整呈現；位於兩條隘勇線交會點的蜈蚣崙，擁有濃濃的邊境風情，以繪本形式書寫地方平埔族群的四季日常，人與生態盡皆精采；珠仔山社區辦桌文化歷史悠久，吃飯看戲魅力獨特，刀煮師功夫了得，人情社會重現眼前；當你一無所有，再沒什麼可失去的，那就上路旅行吧！一趟鹽徑苦旅長途跋涉，看盡世態炎涼，也看到希望與救贖，換得新生。

非推BOOK

《她物誌：100件微妙日常物件裡不為人知的女性史》
安納貝爾．赫希（Annabelle Hirsch）
劉于怡 譯，麥田，2024

《幸災樂禍：情緒史專家從媒體政治和社會文化，解讀人性共同的負面根源與心理機制》
蒂芬妮．史密斯（Tiffany Watt Smith）
林金源 譯，木馬文化，2020

AUTHOR **慶齡**

另類女性史書寫，用一百個日常物件講述女性歷史，那些經常被打上女性標籤的物品，以及伴隨在女性生活空間所出現的物品，看似微不足道，卻記錄著女性受制於權力的規範與自身對自由的渴望；為什麼看見別人踩到香蕉皮滑倒，我們會在一旁哈哈大笑？難道大家都宅心不仁厚嗎？羨慕是感情，忌妒是罪惡，其間分界究竟在哪？幸災樂禍好像一種可恥的愉悅，情緒史專家解密，其實這種生物性並不那麼負面。

A BOOKSHOP TOUR OF Taiwan 06

日榮本屋

麻雀雖小內蘊深厚的地方微型書店

DATA
Add 苗栗縣苗栗市中山路129號
Tel 03-727-5007
FB 日榮本屋 The Way We Wish

「回到家鄉開一間書店。」念頭閃現，付諸行動，於是苗栗市出現了一家久違的書店「日榮本屋」。

主角是書店店長兼合夥人阿龔，在臺北工作十年，待過兩家電視臺，其中一家還與我有過交集，因此我們算是廣義的「前同事」，過去分屬不同部門並不相識，如今因爲書店產生交集，也算有緣。至於把我們引來此地的媒介，其實是網路報導，小巧的地方書店有個日式名字讓我們心生好奇，決定一探，實地勘查結果，它果眞如自我定義是間「地方微型書店」，麻雀雖小內蘊深厚，一行三人看店內選書各自對味，歇腳落座還享用了香醇咖啡和可口冰淇淋，雖然只是偶爾光臨的外來客，仍爲當地人感到慶幸，苗栗車站附近有這麼個值得流連的書香天地。

從影視到書店，阿龔用創意轉型

學電影、做過節目和戲劇的阿龔，

離開電視臺全職工作後轉爲接案，拍攝紀錄片國內外走透透，未必非得留在高房價的臺北生活，加上室友結婚搬離租屋處，各種機緣交錯促成他回鄉的決定，對於回到苗栗的下一步，初始設定就有書店的影子，「回苗栗想要經營一個空間，好像可以是書店。」當時，阿龔已經在學習沖煮咖啡取得證照的路上，複合式經營似乎是個不錯的點子，最重要的是身邊有一股強大推力，即書店另一位合夥人——阿龔的小學同學，人在臺北從事ＩＴ產業，卻很積極催促夥伴「趕快去找空間，趕快落實這件事情。」遇上急驚風，讓事前籌備慣於「想很久」的阿龔踩下油門，書店人生終於展開。

從影視產業到書店，生涯看似大轉彎，不過對從小泡在書海長大的阿龔來說，倒也順理成章。他回憶成長，「我媽媽是小學老師，家裡就是不缺書的環境，所以我其實很少用到圖書館。」民國七〇年代，書市大好，業務員到

府推銷套書十分盛行，重視教育的家長幾乎都會買單，阿龔與多數同學一樣，家裡充斥漢聲出版、錦繡文化、光復書局等各種出版品，童年就養成閱讀習慣一路至今，開書店以前，知識爲他的創意奠基，成爲電視臺同事仰仗的「劇名王」，動腦會議有他在，不怕沒梗，書讀得多，聯想力超級豐富，往往連副標slogan都一併提供，改編自吳錦發小說《春秋茶室》的客語劇集《菸田少年》，以及偶像劇《雲頂天很藍》都是他的發想，阿龔擅長腦筋急轉彎，運用看過的書名或歌名諧音創造新意，在臺內聲名遠播，連兒少節目製作單位也常來求救，曾經有部外購的國外卡通亟需中文名稱，卡通裡很會解決問題的主角鴨子，讓阿龔想起繪本《爺爺一定有辦法》當中那位有智慧的爺爺，兩相連結，於是卡通便成了《鴨媽媽一定有辦法》，有趣又貼切，談笑風生憶當年，說來一切都得益於閱讀。

將這份創意優勢用在自己的書店，「日榮本屋」從店名、推書貼文、活動行銷乃至podcast節目都由全能店長一手包辦，雖然「日榮」二字並非原創，而是沿用當初第一個地點前身的「日榮藥房」而來，但阿龔解釋這兩個字在當地非常普遍，早年長輩愛用取其繁盛昌隆象徵，之於現代，純粹保留一個「記憶點」而已，至於「本屋」這麼日式的名稱，其實不過因爲合夥人主觀上不想用「書店」字眼，阿龔擬出許多組合替代，最後挑中最順眼又兼具趣味的一組，因此「日榮本屋」無關日本，但密切地關乎苗栗。

書店在家鄉消失後，他選擇自己開書店

「苗栗市在我回來的時候，其實就沒有書店了。」不無遺憾，阿龔細描記憶裡的書店風景，童年時，當地至少有四、五家中大型書店，兩、三層樓同時販賣圖書和文具禮品，複合經營應有盡有，之後，連鎖書店如金石堂進入拓點，一時間好不熱鬧，然而在他外出工作那些年，家鄉書店紛紛吹起熄燈號，再返回只剩文具行，連家樂福裡的金石堂都撤出了，阿龔因而動念「我到哪裡都要去人家的書店，可是我回來卻沒有一個這樣的地方，那我不如自己來搞一個。」

剛開始，他們設想過許多地點，甚至浪漫地思考要把書店開在田中央，吸引讀者前來感受田園風光，也有聲音建議他們開設在人口稠密、商業活動熱絡的頭份竹南一帶，不過主人很有原則，「我就苗栗人啊！我就是要開在苗栗才有意義。」堅持住家範圍，阿龔相信小書店仍有可為，這個早期開發地區儘管不若以往熱鬧，但地理位置靠近車站，經驗結果顯示，交通方便對前來參加活動的外地人而言，確是友善條件，幾年下來，無論是最初的商街店面或新搬遷的現址，給顧客便利的原則始終不變。

「日榮本屋」前後兩處據點相距不遠，同在車站附近，但店面略有縮減，阿龔因而順勢放掉二手書，專攻新書服務，空間考量雖是其一，但說到底還是店長凡事認眞負責的取捨，他眞誠地說：「如果我的心力都放在推廣新書，我比較不會認眞推二手書，我覺得沒有好好介紹，對不起那些書。」愼而重之對待每一本選進來的書，讀者完全感受得到，記得第一次來到「日榮本屋」與店長隨口聊起，就令我們佩服萬分，他對於架上每一本書都能說出所以然，即使小書店本本精挑細選，數量依舊可觀，閱讀過的比例如

閱讀
成為苗栗人
山海集

此之高，功力簡直深不可測，阿龔自我分析，原因有二，其一「我一定會知道，我進來的是什麼書，我不會進一本完全不了解、也沒興趣的書，那種我可能講不出來，也沒有熱情介紹給你。」其次，開店之後閱讀量的確更甚以往，因爲「客人會帶給我們壓力，閱讀量大跟閱讀廣泛的客人其實會出現，他就會問你、或者跟你聊，如果跟不太上的時候，就會給自己壓力。」

在書海與山林之間，打造獨特閱讀風景

其實不只是阿龔，接觸過多位獨立書店老闆皆是如此博學精進，這個職業滿懷理想也要兼備生存技能，本身消化知識之外，如何把書籍行銷分享出去更是門學問，數位時代，似乎大家都已接受，除了面對面現場交流，利用社群宣傳不可免，我們追蹤許多書店，手法殊異，「日榮本屋」的做法是利用限時動態曝光新書，標籤相關的出版社或作家，讓每本書都有機會佔到版面被看見；另一種做法則是主題化，阿龔自嘲本身有「分類病」，無論實體或線上，時不時就會發射「宇宙電波」自然收攏相關主題，將這些書綁在一起介紹，包括他自己最愛的登山百岳、自然生態，以及某段時期社會熱議的話題都曾採用過這種模式推薦，不管當期挑選主題爲何，店主都自我要求至少要看完其中一兩本，才能據此延伸介紹相關內容給讀者，他說「延伸閱讀非常重要。」深刻了解議題，擴大連結知識網絡，無比認同。

由於書店空間有限，店主的「喜歡」仍有程度和比例上的差別，「日榮本

書櫃概念標示皆是歌詞。

屋」首重本土作品，即使某些議題國外早已討論多時，只要本地作者關注書寫，都會得到青睞，例如長壽、獨老相關主題，日本討論廣泛出版最多，當國內新出版品出現，就能形成一個規模設定主題同時介紹。而閱讀雜博的書店老闆多少也有自己私心最愛，阿龔個人特別偏好戶外登山與臺灣文學，書店進門第一櫃就是滿滿生態主題，酷愛山林的阿龔說：「我一開始爬山，只要可以找到爬山相關的書，我幾乎都看完。」從興趣入門，深度探索，凡國內出版相關著作，他都想盡辦法將作者請到書店來，非常投入，這個專區形成「日榮本屋」的鮮明特色，而其中必備「鎮店之書」—探險家楊南郡的著作，楊南郡與徐如林的合著以及個人譯著，書店還曾邀請徐如林前來分享，阿龔興味盎然地說：「他們的書是長銷，除非絕版，不然我永遠要備貨，放在那邊，就是我們的鎮店之書。」

主人最愛自然生態形成書店特色。

從書本到音樂，創造沉浸式閱讀體驗

自認最喜歡山林百岳、自然生態，但阿龔的朋友從旁觀察，卻點出他另有一個關注面向，對於少數、非大眾主流特別感興趣，經人提點之後，阿龔察覺自己隱隱然眞有這般傾向，例如他相當關注身心障礙和無家者的主題書，在翻譯文學中也會挑出較少受到討論的東南亞文學，如朋友所言「喜歡觀察那種邊邊角角少數，跟人家不太一樣的主題。」我們拜訪當時，他正在看越南的短篇小說選，先前還介紹了泰國小說《迷宮中的盲眼蚯蚓》，以奇幻手法隱喻泰國的政治歷史，用華麗表象包裝不能言說的內在，阿龔不但大加讚賞作品風格，甚至進一步將小說裡出現的音樂整理成一份播放清單，創造邊聽邊看沉浸式的閱讀模式，別出心裁非常有意思。

從文學裡聽音樂，阿龔手筆不只這一次，更早之前，鍾永豐出版《菊花如何夜行軍》到書店辦活動，他就做過類似嘗試，並且將完整的播放清單提供給出版社，接下來的巡迴講座直接使用即可，不僅如此，書店貼的小紙片其實也都是歌詞，內容反映那個書櫃的主題，阿龔笑說：「看得出來的人會很高興，又有同好了，沒聽過的人可能以爲是詩，覺得這店主怎麼這麼厲害呢！」

這位店主確實有才，迭有創舉，宣傳李惠貞新書《成爲企劃人》，他也用音樂來表現，這本書裡沒有樂曲，主述企劃的概念與做法，「日榮本屋」落實內容加以應用，在書店裡舉辦了一場卡拉OK大會，自家歡唱設備搬到書店，邀請讀者用書聯想主題曲，吳曉樂《那些少女沒有抵達》可以唱出《障礙》，《巴奈回家》能連結到紀曉君的《流浪記》，參與者從有點害羞到盡情享受，想出這麼別開生面的讀書會，雖然不見得後無來者，但應該算是前無古人了吧！

說來阿龔還得感謝曾入圍金曲獎最佳客語歌手的小弟龔德，又是音樂讀書會的小幫手，也是書店播客節目的

靈感來源，疫情期間小弟在家錄製客家廣播節目存檔，姊姊發揮專業協助企劃並充當來賓，這讓阿龔覺得自己也可以開個Podcast節目，畢竟剪片輸出音檔對他來說完全是小菜一碟，如今「日榮本屋」自製的《有時書店有時外面》節目已經累積了數十集內容，抽屜式單元有新書推薦、人物訪談，還有在戶外採集聲音的邊走邊讀，把書店精神表達得淋漓盡致。

微型書店，凝聚眾人之力
經營不微小的理想

六年多來，「日榮本屋」做了許多嘗試，儘管受到好評，漸漸闖出名號，阿龔仍自謙爲地方的微型書店，定義入口一區的策畫是「微型的主題書展」，他認爲「自己先縮小，然後別人比較不會講話。」論空間，它確實不大，但能量不容小覷，我和搭檔尚彬都非常喜愛這裡的選書，同時對店主的創意腦與執行力感到欽佩，即使是「微型的主題書展」也能被他處理得有聲有色，這次，我們正巧碰上陶藝展在即，桌面一字排開各種有關茶與器物的選書，連視覺都深淺交錯非常用心。主題書展有時配合時令，例如農曆七月前一年「裝神弄鬼」，後一年焦點就轉爲七夕愛情，主題設定「特別的愛給特別的你」讓我不禁噗哧一笑「這不是伍思凱的歌嗎？還要有點資深的人才懂呢！」巧用歌名，內容更不馬虎，既然是特別的愛，除了經典的《戀人絮語》，必須穿插點不一樣的《BL教科書》以及《髒東西》，日本文豪三島由紀夫和谷崎潤一郎特異的愛情觀也得納入，一個愛情主題打破分類界線，含括文學、非文學、哲學、科普，並能流利表達得頭頭是道，店家之用功用心可一點都不微小啊！

「對我來說，是我自己需要這種地方，我才經營的。」雖說從個人小處出發，書店這些年確然已聚成一個共同群體，實質維持著營運，對於行動支持的讀者們，這間良心書店絕不多取一分，熟客入手書籍太多，記憶偶有漏失，書店系統裡明確登載購買紀錄，櫃檯結帳直接告知「這本你有買過喔！」生意往外推，阿龔說這是良心問題，針對某些舊書重新授權推出新版，他也會提醒讀者，不妨先回家找找是否早有舊版，理由是「他如果長期在讀這類的書，他一定有經典的作品，

天然原料製作的冰淇淋是人氣甜點。

新版可能就是封面比較好看而已。」勸阻客人重複購買，我們大讚他「佛心來著。」不過阿龔解釋，顧客若是衝著新的序文或註釋而買，當然尊重對方，如果翻譯本爲新譯者，或審定更爲嚴格，他也會提列明確訊息供讀者參考。

除了良心，阿龔店長還有點「道德癖」，當讀者反映某本書內容錯誤太多，經過確認會直接退書，如若作者本身有道德爭議，他可能也會有所取捨，比如說「me too事件我就覺得不行耶！跟我的價值觀牴觸，我不能讓他的書留在架上，我知道我就過不去。」不否認主觀，堅守自己的價值觀和理念經營書店，阿龔用「心安理得」回應自我，尋訪獨立書店的旅程，又遇見一個性情中人。

原則之下，書店仍不忘務實創造營收，回鄉開書店，全家總動員，很難想像，店裡賣的肉桂捲、巴斯克蛋糕、布朗尼竟然是龔爸爸手作，阿龔講得自然，「我爸本來就會做麵包，退休以後有興趣，反正就給他食譜，看他可不可以變得出來。」有趣的是，疫情中，朋友請他宅配一個巴斯克蛋糕到臺北，「我老公說這是他吃過最好吃的巴斯克。」回饋評價出乎意料。阿龔大笑地說：「我眞的傻眼，想說有這麼厲害嗎？」所有正向回饋，阿龔都會告訴父親讓他開心，得到家人支持，得以自由發揮，回鄉展開的書店生涯有溫暖有臂膀。

「我眞的是收穫很多餽贈。」阿龔無比感恩，除了父母家人鼎力相助，店裡的書櫃是喜歡木工的朋友做的，門口可愛的玩偶是房東送的，從旗山引進天然原料冰淇淋販售，熱血供應商還到門外擺攤，宣傳「書店裡買五百元，就請吃兩球冰淇淋。」細數一路助緣，阿龔銘刻於心，尤其客人分配購書預算給書店，實質鼓勵，用消費行爲彰顯書店的存在價值，爲未來投票，共同信念何其珍貴，小書店大力量，每一個投入其中的人都不微渺。

書店有時在，書店不會一直在。

我自己需要這種地方，所以才經營的。

OWNER'S TALK

OWNER'S INFO

龔心怡

因家鄉書店消失，阿龔決定自己開設閱讀空間。選書重視本土創作，關注山林自然、生態環境，與少數族群和非主流議題。他擅長策畫書展，結合音樂、Podcast，營造沉浸式閱讀體驗。經營書店不僅是個人理想，家人朋友也共同參與，讓書店成為社群交流場域。他相信，小書店也能影響世界，每一次選書與策展，都是擴展閱讀與思考的契機。

店主私房書

MY FAVORITE

OWNER 阿龔

店主的人生之書，特別推薦早期商務印書館的圖文版本，沈從文的樸實文風搭配具象圖畫與照片，湘西山水、人文風土更加引人入勝；最受店主推崇的非虛構類作品之一，法學與精神醫學教授現身說法，既是患者也是專家，自述與思覺失調症奮戰共存的人生，以自身經歷呈現病症種種複雜面向，提供讀者另類思考角度；跳脫政治謀略與政客吵嚷，從一般民眾生活看俄烏戰爭，面對強權侵略，烏克蘭民眾維持日常運作，採取柔性對抗，無聲展現無畏力量；世事遊戲有兩種，有限遊戲追求取勝獲得某種東西，無限的遊戲有無止盡的人生追尋，店主解讀，執著在有限遊戲裡已完成的獲得，等於停留在過去式，深具啟發。

1

《邊城》
沈從文
新視野 NewVision
2024

2

《核心崩解：一位教授與思覺失調症奮戰並共存的人生》
艾倫．薩克斯
（Elyn R. Saks）
黃致豪 譯
大家出版，2023

3

《戰火下我們依然喝咖啡：烏克蘭人的抵抗故事》
帕維爾．皮涅日克
（Paweł Pieniążek）
鄭凱庭 譯
衛城出版，2023

4

《有限與無限的遊戲：從遊戲與變幻透視人生》
詹姆斯．卡斯
（James P. Carse）
葉家興 譯
大塊文化，2024

非推BOOK

《從田園騎往港邊的自行車》
宮本輝
劉姿君 譯，青空文化有限公司，2023

AUTHOR 慶齡

上下兩集看似厚重的小說，其實很好閱讀，東京、京都、富山三個家庭三線交織但脈絡分明，寫人細微，寫景精彩，酷愛戶外活動的店主打包票，看完它，會忍不住跟著書中人物的路線，走一趟富山漁港。

A BOOKSHOP TOUR OF

Taiwan

3

用愛款待的閱讀角落

溫暖與療癒身心的好所在

BOOKSHOPS LIST

07

晨熹社

從家出發
有滋有味的繪本書店

08

爬上坡好書室

充滿人道關懷精神的
溫馨「好書室」

09

版本書店

安寧醫師實踐人文醫療的
多元平臺

A BOOKSHOP TOUR OF
Taiwan
07

晨熹社

從家出發
有滋有味的繪本書店

DATA
Add 臺中市西區博物館路234號
Tel 04-2315-0001
FB 晨熹社asahikari

想像一下，一間書店有家的味道，會是怎生模樣？

「晨熹社」向我們展示了一種具體樣貌：親子三人共組的閱讀空間，看好書，各自吸收、彼此交流、協力傳達；品家常，社長咖啡醇郁、闆娘飯菜飄香、闆寶營養滿點；毛小孩，寵物手足店貓一對，神氣活現宛如家主。喔，差點漏了此間最重要的元素「繪本」，家庭書店的主力商品，多元多彩，妝點繽紛，既是不可或缺的生財資產，也是大人小孩的精神食糧。

「很多人都會以爲我們開繪本書店，我又是媽媽，就覺得我們是爲了孩子，其實我跟我先生剛認識的時候，就已經很喜歡書跟書店了，是因爲這樣子才開始交往。」哇，原本正經八百與闆娘Sylvie聊著開書店緣起，怎麼不小心聽到了人家的浪漫愛情，八卦的我們頓時本性畢露，定要追根究柢不可，莫怪我們沒點正經，這段書店情緣可謂至關緊要，有它萌芽滋長在前，才

有後來以家為起點的書店「晨熹社」。

真實人生的臺版《電子情書》

故事的開端要回到千禧年前後。彼時社長José和闆娘Sylvie還是青春無敵大學生，搭上數位列車加入平臺申請e-mail信箱，為測試新玩具的收發功能匿名寫信給一個不認識的人，兩人就這麼在茫茫網海裡遇見了彼此，想來是文曲星有靈吧！素昧平生的「網友」偏巧都是愛書人，聊著各自喜歡的書與閱讀經驗，越寫越投契，你來我往通信將近百封，終於決定見上一面，Sylvie笑著回憶「就約在我們都覺得很有安全感的地方，就是書店。」逐漸熟絡之後，因書結緣的他倆成為戀人，約會地點不變，仍是書店，即使大學畢業男方出國留學，女友飛大半個地球前去相聚，行程規劃依然滿是英國書店踩點，這對靈魂伴侶一路走來始終如一，從相識、相戀到步上紅

毯那一端，攜手同行的足跡不是在書店，就是在前往書店的路上。

夢幻情節聽來是否有點似曾相識？老派的我，隨即聯想到湯姆漢克斯和梅格萊恩主演的愛情經典《電子情書》，代表大型連鎖書店的男主角遇上獨立小書店的女主角，好萊塢電影編劇擅長製造衝突的浪漫，讓兩個立場相悖「書店的人」，被一封封mail牽起彼此，而臺版電子情書上演的則是兩個興趣相合「喜歡書店的人」，用百封mail確認彼此，最後在現實生活裡共同組建了一個「書店家」。

連我這樣一個外人都浮想聯翩，何況當事人，Sylvie在自己所著的《書店家之味》一書中，也提到電影描述「根本是我們的故事啊！」差別在於，眞實世界的故事無法採取開放結局任君想像，從戀愛進入婚姻，再從兩人世界擴充爲一家三口，爲了陪伴孩子成長，長期分隔兩地各自工作的遠距模式，必須設法終結，於是，鏡頭一

轉，先成家再立業的「晨熹社」出現在這齣現實版愛情電影最後一幕，生活在書店，從此過著幸福快樂的日子，十足討喜務實的Happy Ending！

以家和繪本為起點的書店

「不用計畫退休，可以跟著我們一起生活，我們也不會厭煩。」開店至今八年，Sylvie如當初預期，非但不感厭煩，甚至自認做了人生最棒的決定，書店完美交集夫妻倆共同的事業、喜好、生活，以及最看重的親子關係與家庭教育，Sylvie形容兒子闆寶是「從繪本裡長大的孩子」，長期在書店耳濡目染，闆寶閱讀圖像啟蒙甚早，感受力強，創造力也豐沛，「晨熹社」書店LOGO正是闆寶傑作，晨光中展書讀，幾筆簡單線條勾勒出「晨熹社」的精神元素，創意高明充滿童趣，一眼難忘。

然而駑鈍的我卻一度被圖像與名稱

當中的晨間太陽誤導，以爲店主取名意在鼓勵大家早起晨讀，經由闆娘說明出處才恍然大悟，原來「晨熹」二字靈感源自《歸去來辭》，陶淵明辭官歸鄉，乘坐舟楫近家情切，寫下「舟遙遙以輕揚，風飄飄而吹衣。問征夫以前路，恨晨光之熹微。」當時正值淸晨朦朧天光稀微，陶淵明想家的心緒外境，化爲千古名句，被現代人援引共鳴「回家」的期盼想望，這間書店毋須刻意標榜言明，家的意象已然無所不在。

家之書店販售繪本，主題定位相當合理，不過Sylvie澄淸，他的繪本人生並非因兒子而展開，在成爲媽媽之

前，早與繪本結下不解之緣，嗜讀的他，學生時期已遍覽群書，正當尋思著「還有什麼是我沒觸及到的書種？」熟悉的誠品書店裡，不那麼熟悉的繪本區驀然開展眼前，讓他如獲至寶，從此開啟繪本收藏之路，足跡一直延伸至專賣法文書的「信鴿法國書店」，積極蒐羅第一手空運新書，同時跨校到師大修習法文，特別的外文名字Sylvie就是這麼來的。

許多純文字讀者都有過類似的「驚豔」，被繪本開發圖像閱讀的潛能，因而理解到文字與圖像表達各擅勝場也各有不足，齊頭並進才得以完美體驗閱讀之樂，一如Sylvie的心得「看了之後覺得好有趣，好喜歡，原來有這個方式。」打開視窗，他深刻體會「繪本是很多閱讀的起點。」之後，先成立品牌，再開設書店，Sylvie的繪本天地從自身擴及家人與大小讀者，隨著書店經營日益穩健，又享有鄰近學校、科博館、美術館的地利之便，如今，「晨熹社」闆娘已成眾多讀者仰賴的繪本達人，書店活動經常爆滿，出版社不時上門交流，Sylvie將興趣做成志業，一步一腳印走出繪本的康莊大道。

當初自認「從繪本出發是最有安全感的方式。」其實，也摻有不少雜音，諸如「你設一個主題是把路走小了。」闆娘非但沒有動搖，甚至反向思考「我還覺得我把路開大了，因爲繪本的可能性太大了。」幾年過去，事實證明他們做了一個好決定，由於主題明確，客群精準，作品在這裡更容易被看見，企劃活動也相對適合，無論創作者或出版社都樂於合作，主題，變成一種優勢，在中部地區，只賣繪本的「晨熹社」是相當特別的存在，機會源源不絕，對此，闆娘無比感恩「繪本之神給了我這一條路。」

繪本書店的美味日常

開店八年，舉辦了三百多場活動，

這間小家庭書店的能量著實驚人，雖然只有三位成員，卻個個有貢獻。其中的靈魂人物無疑是闆娘Sylvie，選書、說書、推廣撰文、策畫活動都是他，除了讀說寫一流，這位書店女主人還是「全能料理王」，一手忙店務，一手做家務，享受書店也樂在廚房，從小的飲食教育練就他一手好廚藝，傳承娘家愛的料理滋養下一代，書店樓上的住家空間天天飄著飯菜香，媽媽的味道不藏私，編寫成圖文並茂的親子繪本料理《書店家之味》，大方分享三口之家的日常美食和闆寶的色香味便當，光擺在架上就讓人看了食指大動，難敵誘惑入手一本，閱讀與吃食，兩個胃口同時滿足。

既稱全能，闆娘的拿手絕活當然不止於此，在「晨熹社」共讀繪本，書中內容往往躍出紙張之外，化爲可見可觸的實體，結合故事與手作或許不稀奇，幫旅行北極的臺灣黑熊設計家鄉味的聖誕大餐就厲害了吧！闆寶童心提

議，媽媽巧手實踐，將繪本裡的西式餐點轉換成臺灣食材，撫慰想家的黑熊，美味的眞人饗宴連編輯也瘋狂，索性提案合作，來個繪本延伸食譜，一次無心插柳，意外演變成每年的聖誕儀式，不但小朋友滿心期待，編輯大朋友也會拿著聖誕節故事書，央求闆娘依樣畫葫蘆變出佳餚，把書店開成烹飪教室，女主人哭笑不得，當我們得知，本活動因響應太過熱烈必須加開場次，也忍不住好奇想即刻報名參加呢！

「最多的一次，加到五場，然後我就覺得不行了。」闆娘吐眞言，原來創下最高紀錄的並非聖誕大餐，而是《麵包小偷》故事的延伸手作。在日本得到許多繪本大賞肯定的作品，中譯本相當受親子歡迎，熟識的編輯朋友找上闆娘帶領手作書中造型麵包，結果繪本與麵包一起轟動，這套《麵包小偷》系列迄今出了五冊，每冊內容都有不同麵包登場，活動跟著出版走，出一本烤一回不說，新書報名還愈加踴躍，書店空間有限，只得不斷加場，闆娘苦笑「我覺得快變成烘焙坊了。」後來，同位作者柴田啟子另一部作品《甜甜圈店的企鵝先生》，實體活動除了帶著小朋友在店內炸起甜甜圈，書中的日式飯糰還得到廠商贊助提供海苔，「故事時間」多元延伸做出名聲，雖然不免疲累，但讀者參與熱烈，確實爲書店帶來人氣。

書店之子闆寶的故事魔法與閱讀旅程

說故事活動意外延展出的另一條支線，主角則是社長與闆娘的獨生愛子闆寶。話說闆寶尚在娘胎便聽著父母說書，宛如自帶表達才華與社交能力出生，一直是書店裡最可愛的風景，幼稚園起就聽著媽媽對大家講故事，某次闆娘說完作結，一直在旁蓄勢待發的闆寶突然接力上場「好，換我囉！」笑得媽媽捧腹歪腰，這位書店小

幫手能讀會說，活潑隨和廣結善緣，完全消除父母擔心獨生子女可能「孤僻獨斷」的憂慮，反而發展成家族長輩口中難能可貴的「生意仔」，他稱職主動，常爲更小的讀者介紹繪本、講述故事，還懂設計橋段力求變化，例如自行設定講到書中某一頁時，插播Q&A時間，換他提問聽眾，「鋪梗」製造效果；遇上生意清淡門可羅雀，小男孩也有變通之道，央請媽媽「幫我錄下來，然後放在臉書上。」對孩子來說，無論線上或實體，分享才是意義，透過書店平臺，把自己的喜歡推廣出去，讓更多人知道故事之精采，純稚的初心，最是動人。

闆寶的閱讀角落紀錄他的知識成長。

聽著闆娘說起兒子，幸福滿足的種種敍述，便不難理解，出版社爲何慕名而來，主動邀請闆寶推薦新書，即使一手包辦店內選書的媽媽，有時也會聽取兒子意見「因爲他會看到很多我看不見的東西，是從他這個年紀的讀者的角度出發。」敞開心胸，以孩子爲師，闆娘自覺書店經驗因此更爲豐富，亦作如是想的大人，還包括幾位相熟的圖文作者，動筆之前，先來書店請教「闆寶小顧問」對新書主題的興趣與意見，繪本界最年輕的KOL，非他莫屬。

除了對繪本如數家珍，闆寶的文字閱讀量同樣可觀，小小年紀累積的多元書單，恐怕連許多大人都自嘆弗如，店內緊鄰閱讀區的兩個書櫃，記錄著他的知識之旅，湊近一看，少年文學、經典作品、通俗小說排滿書架，他看《甲蟲男孩》、《哈利波特》，也讀《孤雛淚》、《湯姆歷險記》以及中英雙語的《夏洛克與花生》，不拘類型，廣泛吸收，在繪本書店成長而不偏廢文

靈魂伴侶因書結緣，組成書店家庭。

字，能夠圖文並進雙軌學習的孩子多麼幸福！同時，身爲「書店之子」得天獨厚，從小自然接觸創作者、出版社，他知道一本書如何誕生，也加入創作行列，自家出版品《ASAHIKARI：STORY FOR LIFE》創刊號與《書店家之味》裡都有他的手筆，誠如媽媽所說「他眞就是繪本養大的，所以他的形式都是圖文交錯，沒有辦法用文字表達的時候，他就畫圖，沒有辦法畫出來，他就寫字。」這段描述，讓我不由得想起知名攝影作家范毅舜的名言「我拍我寫不出來的，寫我拍不出來的。」看來，小闆寶隱隱然已經具備大師潛能。

書店裡的無聲力量：社長的設計、攝影與咖啡時光

如果說，書店牆面是闆寶畫作的展示藝廊，那麼整間「晨熹社」就是社長爸爸的大作品了。學建築的社長José，空間概念自是不用多言，太太

我很特別
狐狸爸爸笑嘻嘻
我是藝術家
藍色小屋
我和候鳥一起飛
我想當聖誕樹
Sapi le Sapin
聖誕老人的
第一個聖誕節

提出需求想像，他與設計師負責落實完成，這棟四十多年的透天樓房，可花了店主好些年時間才終於覓得，它的前身是一家早午餐店，營業內容型態迥異於書店，裝潢相對繁複，夫妻倆有志一同掌握減法原則將它改頭換面，拆掉所有內部隔間營造通透感，並去除多餘顏色只留白底，以簡約環境襯托商品「繪本顏色已經非常繽紛了，就讓書成爲書店裡面的主角。」凸顯繪本特色之外，店主同步考量顧客感受，避免主題被窄化爲「小朋友的遊樂場」，闆娘堅持「我想讓所有年齡層的人進來都是舒服的，有家的氛圍。」書店的理想樣貌，在設計師好友鼎力相助下，逐步成形，科班訓練總算有用武之地，社長自嘲「這是畢業後一生唯一一件的作品。」

明明居功厥偉的社長，卻習於隱身幕後不太多話，其實，他除了以建築專長爲妻兒打造溫暖的家，還是書店的「首席攝影師」，包括出版品在內所有影像紀錄都出自他手，有愛的照片，明眼人看得出，開書店「賺到跟兒子緊密的相處。」心情表述，也是太太代言，每回到訪，總見他手邊一疊好書安靜閱讀，或默默守在吧檯「管區」獨自忙活，不一會兒端出幾杯濃醇咖啡款待我們，行動表真誠，「社長咖

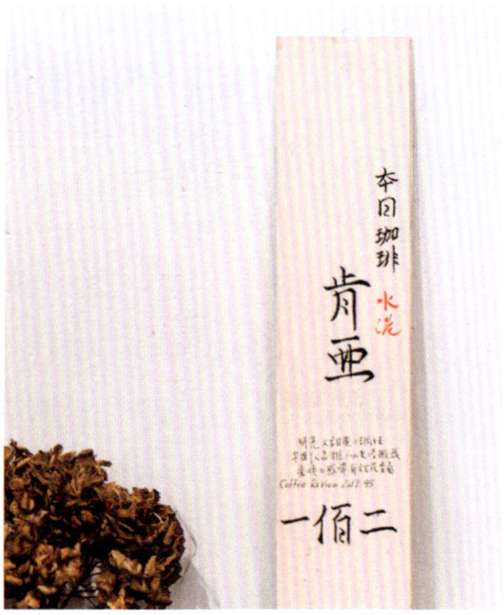

啡」亦是書店特色，除了讀書與美食，咖啡是家人之間另一共同喜好，書店特設吧檯，好讓社長認眞研究「喝多也不會心悸的咖啡」，自己烘豆，香味四溢，不過，書店咖啡只是附屬僅供一味，客官想喝「拿鐵」請去咖啡廳喔！

堅持初心，共同成長

環境、商品維持單純，「晨熹社」一直專注在自己擅長的領域，幾年下來，非預期而添加的「熱鬧」皆未脫離核心本質，它不爲迎合顧客變成咖啡館、烘焙坊，也未曾想擴大讀者群跨足其他書種，只留繪本帶來的特殊緣分，例如書店長型空間末端那一大片玻璃窗，原是設計師爲室內光線流動特意打掉牆面的巧思，現在透明玻璃上卻多了一棵彩繪大樹，它的來由起自店內常態性活動「原畫展」，展覽結束後，《發光的樹》插畫家主動提議爲玻璃彩繪，並且細心地使用卡典西德貼紙一片片拼上去，而非直接在玻璃上色，店家未來可隨時撕下回復原狀，體貼畫家遇上溫柔店主，一番善意交流在疫情過後竟發揮療癒作用，終於可以面對面的人們，在那「生命中發光的時刻」許下心願，將歸零出發的心情寫在葉子上，《發光的樹》眞的變成一棵閃亮亮的許願樹了。

「我們書店很多痕跡，都是來參加活動的讀者跟創作者一起留下來的，每個角落都有。」闆娘感性說著，順便與我分享了《神奇漢藥房》的故事。

當了媽媽之後才接觸繪本的作者陳芊榕，將自己的童年往事創作成一本圖文手製書，相識多年，又同爲「開店人家的小孩」，闆娘對這位朋友童年記憶裡的「漢藥房」非常感興趣，一方面以書店爲平臺發表展出手製書，另一方面共同策畫「漢藥房女兒的台文走讀」系列活動，將觸角延伸至戶外，「漢藥房」街屋依然保存完好，隔壁修理皮鞋的店家以及現榨芝麻油的油行，仍維

發光的樹彩繪玻璃成為大家的許願樹。

神奇漢藥房把閱讀的體驗變立體了。

持傳統方式運作著，他們在老街區「用一個整體的眼光，去看當時的社會面貌。」人情氛圍，讓闆娘的思緒不禁飄回從前「在店裡長大的時光。」如今，自己的孩子也在書店成長，藉由走讀，對年輕一輩訴說老街區，代代傳承。

而我們這回來訪正是時候，沾到《神奇漢藥房》紅利，獲贈小禮物「漢藥包」一份，小巧可愛，不離繪本主題特色。能夠如此專心致志於一項事物，一生懸命做好做滿，這間家庭書店很令我佩服，無怪乎得到讀者高度信賴，有的顧客進門先訴說心情，再請闆娘介紹相應的讀物；或者疫情期間出不了門，又讀完了家中所有故事，索性隔空請書店幫忙「找我不喜歡的書，避免重複。」對 Sylvie 來說，聽取這些形形色色對於書的看法，是他始料未及的「書店福利」，更讓他意想不到的是，純粹出於興趣學習日文，有朝一日竟派上用場，《青蛙書店》翻譯初體驗，雖有難纏的「青蛙文字」來攪局，Sylvie 硬是克服萬難，各個突破，再附上日語五十音對照表，流暢閱讀體驗，生動傳達青蛙書香世界的幸福時光，闆娘詮釋繪本的功力，至此更上層樓了。

「做到現在，我都覺得還有很多可以用繪本做的事情，還沒有做。」闆娘此言，帶來想像無限，一間看似單純的繪本書店，實踐多種可能，不斷成長蛻變，又始終不離其宗，從家出發，「晨熹社」是心的居所，凝聚家庭的同心，回到閱讀的初心。

OWNER'S TALK

我想讓所有年齡層的人進來都是舒服的，有家的氛圍。

OWNER'S INFO

陳宛君

晨熹社的全能闆娘，他不僅負責選書、推廣和策畫活動，還在廚房中展現出色的烹飪才華，將家庭料理融入閱讀活動與書店生活。致力於營造一個讓所有年齡層讀者都能感受到溫馨的環境，並透過繪本活動促進親子互動。晨熹社專注於繪本的經營理念，始終堅持保持書店的純粹性，未擴大經營其他書種，並透過原創活動和社區參與，讓讀者在這裡找到共鳴和歸屬感，創造出一個充滿故事和美好回憶的空間。

店主私房書

MY FAVORITE

OWNER Sylvie

闆娘第一本翻譯大作，青蛙書店的日常與人類無異，腦袋需要知識，生活需要靈感，森林裡的青蛙有書為伴，日子無比幸福滿足；很多時候，感受其實很簡單，回歸孩童的眼睛看世界，一切都新鮮，凡事都有發展的可能，找回感悟的能力，繪本是個好工具，無獨有偶，兩位受訪的書店主人，都被海狗房東的故事觸動了。

1

《青蛙書店》
八木民子
陳宛君 譯
小魯文化，2023

2

《他們的眼睛》
海狗房東
陳沛珛 繪
維京，2023

非推BOOK

AUTHOR **慶齡**

《書店家之味》
Sylvie
顏銘儀 繪
KIDO親子時堂，2021

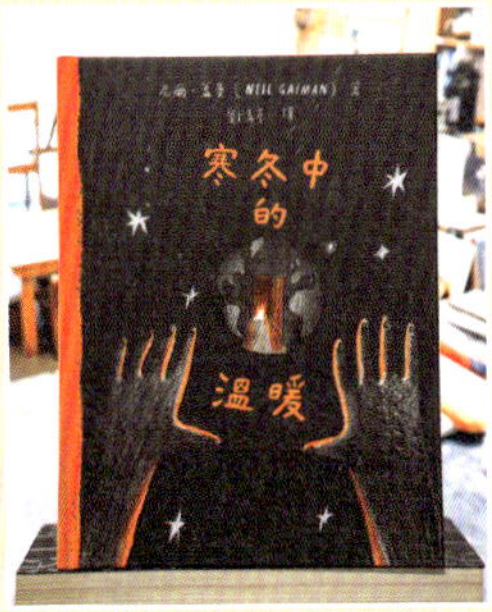

《寒冬中的溫暖》
尼爾．蓋曼（Neil Gaiman）
奧利佛．傑法（Oliver Jeffers）、
班傑．戴維斯（Benji Davies）、
克里斯．瑞斗（Chris Riddell）繪
劉清彥 譯，銀河文化，2024

書店的飲食日常紀錄，圖文並茂，溫馨可口，親子一起動手做，春夏秋冬四季套餐加上闆寶的媽媽便當，食材、做法一目了然，兼具散文與食譜雙重閱讀樂趣；溫暖的家，在世界上某些地方，只能成為遙遠的記憶，聯合國難民署親善大使聯手13位畫家，共同創作的繪本，深沉中帶著亮光，寒冬中，給予被迫流離失所的人們一點關懷、一絲希望。

爬上坡好書室

充滿人道關懷精神的
溫馨「好書室」

DATA
Add 新北市淡水區重建街60號
Tel 0919-348-805
FB 爬上坡 · 好書室

「爬上坡好書室」如其名，眞得爬過一段上坡路方能通往這個盈滿書香的舒適好所在。

看官們莫慌，切勿受到「上坡」二字驚嚇而裹足不前，對於學生時期混跡淡水好幾年的我來說，重建街這段緩坡就是此區蜿蜒巷弄裡的尋常地景，比起淡江大學萬惡的克難坡，不過小菜一碟。然而店主人書婷卻煞有介事地認眞數算過，從巷口走進店門的距離足足三百二十步，他可不是窮極無聊，相對於我們隨興的悠哉漫遊，書婷每一踏步都隱含著自我激勵，堅實明確，家住臺北市區，他每天必須花一個半小時輾轉換乘好幾趟車來到淡水，遠程通勤最後一哩路偏巧是只能仰賴雙腿的上坡段，猶如爬山登頂，目標在望提氣邁步，不僅是日日舟車勞頓的末段衝刺，更紀錄著堅持書店夢想負重前行的心路足跡。

因果與緣分開啟的書店旅程

「是因果關係把我帶到這裡的。」談起淡水的書店情緣，掛在書婷嘴上的總不外因果、緣分這類字眼，追溯遠因，要回到多年以前了。當時書婷爲照顧癌末病重的阿姨，經常待在醫院裡，因而近距離觀察到護理人員艱困的工作處境和勞動條件，心中萌生關懷，這段親身見聞促使他日後走進淡水河畔的「無論如河書店」，參加護理師職災講座，沒想到，一次無心插柳的熱血行動竟導引出未來的生涯方向，「我一踏進那個書店，就覺得……哇！如果要找一間書店，這簡直是我心中的模特兒。」回憶悸動瞬間，書婷仍難掩興奮，自小泡在書堆裡，又天生一顆柔軟的心，遇上兼具書店與居家護理所雙重功能的「無論如河書店」，簡直命定般的碰撞，他直覺找到歸屬了，便毛遂自薦勇敢開口求職，忙於居家護理的老闆恰巧需要一位全職「種」在書店的員工，雙方一拍即合，書店人生於焉展開。

機緣一旦啟動，往往未完待續，「夢幻工作」年餘逐漸上手之際，下一段意外的緣分悄然而至。同在淡水、位於民宅巷內由詩人許赫經營的書店傳出即將歇業，「無論如河」有意接手開設二店，並安排已具有經驗基礎的書婷擔任分店長，不料前一刻展店計畫突然生變，原東家另有生涯要務，無暇他顧急踩煞車，他們轉而鼓勵書婷，何妨試試自己出來獨立經營？回想關鍵轉折那一晚「隔天就要把房子還給房東了，我只有十二個小時可以考慮，因爲還有其他人想要簽約。」時間如此緊迫，決定如此重大，但這位初生之犢卻「完全沒有掙扎」火速一夜拍板，毅然承接，店員升格老闆，幾乎無縫接軌。

開店即創業，成敗都要一肩扛，對於提早卸下受雇身分獨當一面，書婷打趣說「就像獅子訓練自己的孩子，就是把牠推下山，然後小獅子會自己想辦法活下來。」他是明白人，深知「無論如河書店」老闆秀眉鼓勵他成長的用心，自覺換種方式學習也未嘗不可，便一頭栽進書店江湖闖盪去了，然而「小獅子」眞的下山歷險，面對世道艱難，起步免不了仍是蹣跚。

對比接手空間「say yes」那股明快果斷，書婷開店的速度反倒牛步起來，從零到有組織一個空間之細瑣繁雜超乎想像，光是閉門整理裝修就耗時兩個月，直到第三個月才擬出書店的輪廓樣貌，他坦承剛開始有想法沒頭緒，遲遲無法確認自己是否準備好了？繳房租卻不開張，等於只出不進，看得旁人好心焦，「後來是大家逼著我，說你要訂個日期，不然永遠開始不了。」在各方好友聲聲催促下，終於，划完龍舟，在承租空間的三個月後，書婷打開書店大門正式營業，那一天，適逢美國獨立紀念日，「爬上坡好書室」也在七月四日誕生。

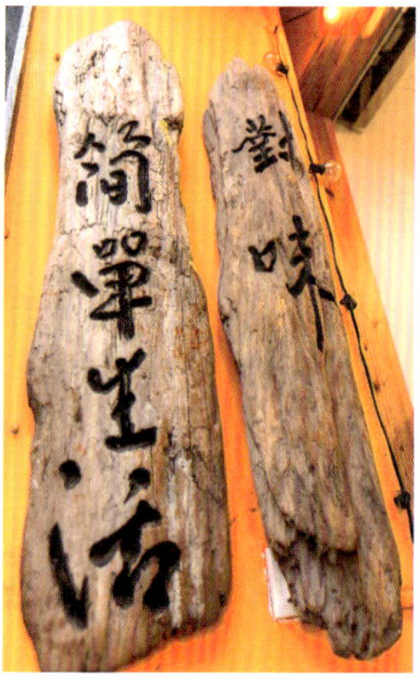

店主選書十分非主流。

青春壯遊的震撼課，書店理念的啟蒙

知名旅日作家劉黎兒說，一間書店代表一種人生觀，除了贊同加一，我以爲，一間書店也反映一種個性。「爬上坡好書室」潔淨、溫暖、質樸、靜謐，名符其實「好舒適」，盡顯店主外在予人的氣質印象，但它同時也流露出某種不從衆的特立獨行，書架上很難找到商業市場主流的暢銷書，反而別處少見的中東、伊斯蘭、印度、非洲等地的冷門作品會出現在此。這裡的主題選書同樣獨樹一格，關懷眼光往往落在弱勢邊緣者身上，記得第一次造訪，書店甫開幕不久，《名人書房》節目小單元「巷仔內書香」邀請老闆推薦口袋書，書婷分享的正是《藍色加薩》，一本以巴勒斯坦人流離失所爲故事背景的小說，他擺明的「非主流」當即令我印象深刻，後來再度回訪，正值以哈衝突升溫，進門直入眼簾的

是一整桌「聲援巴勒斯坦」相關選書，其中，同一位作者所著《哭泣的橄欖樹》擺放得格外醒目，透過文學閱讀悲憫他人的苦難，在這間小書室，姿態始終如一。

也許，這又得回到書婷口中的「因緣說」了。

大學時代，念體育的書婷隨隊出征，前往印度參加卡巴迪比賽，在國際賽事場合首次接觸到許多「遠方國度那邊的人」，小將們賽後熱絡交流，彼此交換運動鞋，同時聊著各自回國後的人生下一步，當巴基斯坦的同齡朋友，以幾近宿命的口吻自然不過地說「回去就是要上戰場啊！」讓來自臺灣的年輕人，爲之驚愕不已。習慣了太平小日子，書婷難以想像異國他鄉的人們，過的是什麼樣的生活？他們的文化生成與歷史背景，何以造就今時今日的景況？太多好奇與不解纏繞心頭，需要從書裡找答案，約莫從那時起，書婷開始大量跨文化閱讀，

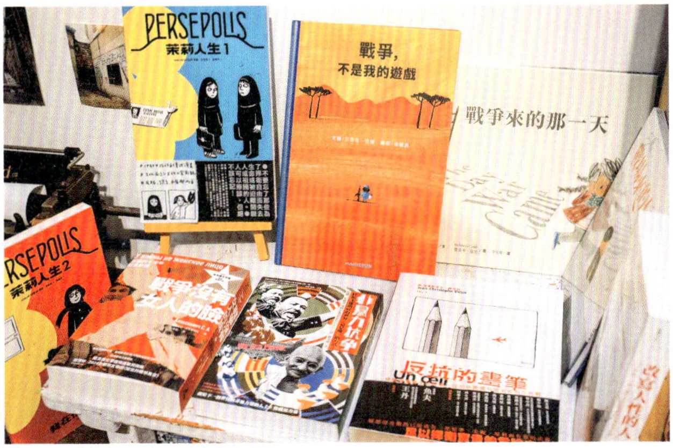

他亟欲了解這個世界，最佳選擇就是閱讀當地人的著作，於是，從私人住家空間到對外開放的書店，處處可見主人本身的閱讀軌跡，那些產自陌生異域被視爲冷僻的作品，在他的書香天地，卻是通往世界最有價值的智慧珍寶。

　但俗氣如我，忍不住好奇，書店的地點已經這麼僻靜，選書還有「任性」的條件嗎？書婷笑答「對耶，我就是任性。」對他而言，與其稱書店爲營業場所，更準確的定位，毋寧說是「安放的所在」，安放自己，同時照顧有需要的人。環顧書店，他的確在個人力所能及的範圍實踐理念，舉凡移工、勞權、無家者乃至第三世界等相關書寫，都是其中要角，書婷自認不擅商業買賣，開書店的初衷是「想爲比較底層，比較沒有話語權的人發聲。」以書店爲據點，落實弱勢關懷，正是他所謂的「安放」，既是手段亦爲目的，此番幽微心思聽來抽象，究其原由卻有

具體來處，話說從頭，湊巧又是一趟印度之旅。

大學畢業不久，尚未確定人生方向的書婷，與學妹相約走讀世界，兩個年輕人決意「花最少的錢，走最多的路，看看能走多遠？」青春壯遊何其浪漫，孰料，剛剛上路就迎來一堂震撼教育課。不同於先前到當地參賽團進團出，兩個女孩自由行體驗到的是真真實實的社會面貌，他們在大街上被成群貧窮的孩子追著伸手乞討，一時間左右爲難不知所措，情急之下抬頭瞥見前方有個貌似書店的商家，二話不說便鑽了進去，這一待，就是整個下午。雖然除了英文和圖片以外，店內其他陳列宛如天書，一個字都看不懂，書婷卻難以忘懷那間書店帶給他的片刻平靜，店家沒有任何消費要求，完全不打擾顧客，就讓每個人用自己的方式待在那裡，望向門外的世界，騷亂依然，他們原本躁動的心卻快速沉澱下來，書店的治癒力量，無與倫比，不但當下灌注足夠的勇氣，讓他再次推門而出面對異國赤裸的街頭人生，也在多年以後，涵養出更成熟的心智與理解的態度，爲邊緣人打開書店大門。

比遠方
想像一座城市
環遊世界八十天
THE ENDS OF THE EARTH
世界的盡頭。
邊界的故事
行旅，在深邃亞細亞
旅行在希望與苦難之間
寧靜海的旅人
SEA OF TRANQUILITY/EMILY ST. JOHN MANDEL
旅行許可證
Patrick Bixby
新游牧者之歌
游牧的歷史
NOMADS
THE SILK ROAD
新絲路史
中國斯坦
有去無回的地方
EAST TURKISTAN
東突厥斯坦
維吾爾雄鷹 伊利夏提①
維吾爾雄鷹 伊利夏提②
維吾爾雄鷹 伊利夏提③
中國殖民統治下的「東突厥斯坦」
從中國出走與在美國重生
東突厥斯坦的獨立未來
八旗文化
前衛
麥田出版
商周出版
阿拉伯南方之門
孤帆獨航繞地球
THE STRANGE VOYAGE
面紗之下
古蘭似海
中斷的天命
中東現場
揭開伊斯蘭世界的

FOOD ATLAS
CITY MAZES THE WORLD
會跑的圖書館
先有
藍色小屋
運動迷
如果你住在這裡
VINTAGE 2011

一本繪本，一份溫暖——從書中延展的社會關懷

旅行的意義，或許因人而異，但我想多數人都會認同，詹宏志在《旅行與讀書》裡的這段話「還有什麼方式能讓我們擴大實體世界與抽象世界的參與，在我看起來，也許只有旅行與讀書能讓我們擁有超過一個人生。」那一年，長達七個半月的旅程，行遍亞歐十四個國家，實體世界的履跡帶引他走進更豐饒的抽象世界，旅行與讀書交互爲用，書婷擁有超出想像許多的人生，說脫胎換骨可能略嫌誇張，然他確實升級爲更開闊、更富同理心的善良書婷2.0版，體現在書店，顯露出對「人」的多樣性尊重包容，當年驚惶的街頭印象，如今，他以書店回應，運用一冊繪本也能開展爲街友送暖的積極行動。

那本書是《街上的汪先生》，關於無家者的繪本，沒有浮濫的同情，沒有嚴肅的說教，純粹從一個小男孩的眼光，看待「家」的意義。孩子好奇詢問露宿街頭的汪先生「你的家在哪裡呢？」汪先生說「我的家……被恐龍吃掉了，一隻叫命運的恐龍。」天眞的孩童氣概十足，喊話「叫做命運的恐龍？我們一起去找牠決鬥。」然而，汪先生卻氣餒地回答「我已經沒有力氣再跟命運打架了。」看到這裡，你是否也被觸動了呢？無家可歸的背後藏有太多複雜的生命故事，如果可以，每個歷經滄桑的成年人，都想回到孩子所定義「一個肚子痛就能馬上衝去上廁所」的那個家吧！

「每售出一本《汪先生》，即提撥十元用於街頭送暖。」其實，是書店繪本區這段標語先吸引了我的注意力，往下探問翻閱，才接觸到書本內容，故事簡單而發人深省，由此衍生的善舉更加溫暖動人，即使小書店本身營業額與可用資源都極其有限，書婷從未停止關注那些「無助的人，更微弱的聲音。」待人如此，對小動物亦如是。店裡隨處走跳的貓咪已然成爲「爬上坡好書室」的標配，有些客人甚至「是爲了看貓，而不是看書來的。」這些可愛的毛朋友，當初都是無人問津的流浪貓，比書店更早進駐這條街，牠們不請自來，店家本於「敦親睦鄰」提供食物款待，之後因緣際會，前後「收編」幾隻變成店貓，小傢伙來了毫不客氣當自己家，在書櫃間大搖大擺竄高伏

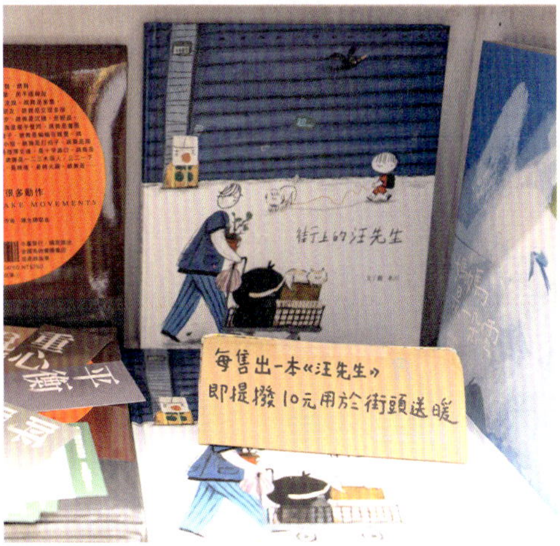

低，生人入內也不羞怯退縮，幾年前我們第一次前往拍攝，「迷你美」一會兒霸氣佔領鏡頭，下一刻又踩上同事肩頭睥睨現場，逗得我們不禁莞爾。

不過，可愛的貓咪雖然吸客，偶爾也帶來破壞，店內「貓咪精選區」是唯一的折扣書，聰明的朋友應該猜到了吧，沒錯，那一櫃都是慘遭貓爪蹂躪的書籍，外觀受損，只好打折求售。有時「貓保全」也會致贈老鼠、麻雀當禮物，嚇得店主直呼「我可以不要嗎？」雖說困擾難免，但書婷對待生命總是寬容，笑談間盡是哲理「這是貓咪教我們的事情，就是你要接納牠的一切，好與不好，就像開書店一樣。」

相遇即是力量——淡水書店的人情故事

萬事無絕對，正如書婷的體會。他夢寐以求一份「跟書有關的工作」，願望固然成眞，現實挑戰也隨之而來，櫃檯的現金經常令人喪氣，但另一方面，擺置門外的「誠實書店」又不時帶來驚喜，二手書櫃沒訂價、不打烊、無人看管，意者自行決定書的價值，歡迎以書易書，也可以拿取買賣，一來進行社會實驗，二來多少籌措一點貓咪生存金，有趣的是，累積一段時日整理翻看，赫然發現裡面的金額竟比櫃檯還多，教主人哭笑不得，儘管自嘲「我的櫃檯好可憐。」但這份意外之喜，彷彿一劑強心針，「這個遊戲對我來說是成功的，當下就覺得是豐盛的，而且是對人性的豐盛。」

認識書婷以來，他從不諱言，書店這條路走來艱辛，淡水小街人車稀落，不若從前打工的書店所在地渡船頭那般熱鬧，連前老闆也善意明示「眞的不行就回來這裡，我們養你。」但他可沒打算輕言放棄，比起苦，樂的成分更多，缺少觀光人潮，意味相對靜心，店裡來客一回生二回熟，逐漸地，書婷越來越享受這種人與人之間的「相遇」，他無法想像，如果沒有書店，如何還能遇見那些「很棒的、好有力量的人。」甚至，在曾經的低潮期，來自蘭嶼「角落咖啡」的老闆娘如救星般來到，以自身經驗直言，告訴書婷「你的精神很開心，但眼神很疲憊，你需要休息。」然後，溫柔而堅定地媒合現場兩位客人，擔任書婷休假期間的顧店小幫手，高效幫他完成充電計畫。果不其然，花東四天休養生息回來，他又像顆飽滿的勁量電池活力充沛，而那兩位有意進軍書店業的小幫手，也意外獲得一次寶貴的實習機會。

書店與校園的連結，閱讀改變世界的可能

人，為書店添加溫度；書，提供人們精神慰藉，書店是知識流動的處所，亦是人情交流的場域，這一點，「爬上坡好書室」感受極深，開店至今，相逢多是貴人，用書婷自己的說詞，他一直「被素昧平生的人照顧著。」書店第一位捐書者，就讓他備感窩心。對方是附近國中的美術老師，還是小有名氣的插畫家，先客氣詢問再傳來藏書照片，供店家勾選，體貼細膩不說，這位江老師的藏書，還有多本與店內選書重複，顯然雙方品味相合，開幕就收穫一段友誼。人際關係綿延，故事還有續集，書婷與前來實習的淡大同學分享這個美好經驗，居然意外將斷聯多年的師生再度牽繫起來，學生始終感念當年國中老師鼓勵，讓他如願考取中文系，沒想到，最後幫忙達成超級尋人任務的，竟是一間書店。

台灣早餐地圖
愛畫地圖的男孩
全台各地的美味早餐，一次
遠山
我們
旅之繪本 X
荷蘭
旅之繪本
瑞士
Tim Marshall
A Flag Worth Dying For

由於地緣關係，書店與淡江大學中文系一直保持合作關係，書婷趁此鼓勵大學生多加閱讀，學生時代的他，從閱讀出發，走向世界，藉由打開視野來深化思考，收穫豐美，分享經驗期待推己及人。回顧當年青春自由行柬埔寨段，一個年約七、八歲的小女孩向他索要飲料，眼神中滿是世故，書婷下意識將飲料遞出，然而得手之後，孩子隨即回到那個年紀應有的天眞爛漫，與另一個小男生分享飲料，兩個孩童坐在街角猜拳，贏的人喝一口，那場景，至今仍深烙書婷腦中，他在陌生國度，從陌生的人們身上學會，生命經驗有限的我們是來理解，而不是來評斷這個世界的。

他的書店樣態，便是個人生命成長的軌跡。從入門的繪本區開始，依序由圖至文接觸世界，身爲「地圖控」，非得在過渡區置入一個地圖小櫃，接著從鄰近的亞洲國家起步，逐漸深入中東、歐洲和非洲，橫跨大西洋到另一側書櫃，陳列的是北美與南美洲文學，有心人書婷深感北美文學主流制霸，因而從中提取女性、亞裔和南方文學爲主體，貫徹他對少數族群的關懷；面向世界之後，回到自身的歷史文學，補足對臺灣母土的了解，當然，原住民議題和華語文不可或缺；至於中國文學，他同樣不走華麗路線，更多是針對市井小民的關注，其中特別提到余華的知名小說《活著》，關於人的苦難、底層的生命故事，從未離開他的視線。

書香與善意交織的生命場域

別擔心這間店裡的選書只有苦澀，人生，畢竟百味雜陳，意境悠遠的詩集、美感養成的藝術、滿足口腹之欲的料理、乃至精神食糧身心靈，同樣匯聚在此，「爬上坡好書室」麻雀雖小五臟俱全，包容所有文類，也廣納許多不在預期之中的物件。例如小閣樓梯架上兩隻相偎依的鯊魚絨毛玩偶，原來是情侶檔客人「愛的禮物」，情正濃時可愛，情轉淡後可恨，分手相看兩厭徒增傷感，於是轉贈書店作爲擺飾，置放一隅見證逝去的愛。

也許因爲書店氛圍太溫馨，抑或主人的暖系風格太強烈，這裡從來不缺愛情故事，熱戀中相偕來此分享甜蜜，失戀落單也到這裡尋求慰藉。天花板的繁星掛布，是另一對戀人愛過的證明，曾經相擁入懷仰望星空，分道揚鑣多看一眼都是淚，好心書店收下保留，記憶一段情深緣淺。旁觀他人的愛情，書婷被迫收集許多具體回憶：一本精裝版原文《小王子》立體書，完全未曾拆封；還有精美的月亮拼圖，你儂我儂打算合力拼成，結果還沒打開就分手了……

各種情感交錯，在小書店舞臺搬演，甚至分手戀人各自前來訴苦療傷，結果在書店不期而遇，多麼戲劇化的一幕啊！很遺憾，現實裡沒有偶像劇，故事的結局並不是Happy Ending，而是再一次椎心痛哭，當主人的「療癒體質」發功仍不足以撫慰傷心人時，書，就派上用場了。

只見書婷一個箭步，毫不遲疑地從書架上熟練抽出《陪他一段》、《舊愛》兩本經典，雖然上世紀的出版品，封面年代感濃厚，蘇偉貞筆下的愛情心思與離合悲歡，卻不過時，一直以來都是書婷的療心選書。說來湊巧，就在我們相約聊書那段日子，他的店裡莫名迎來一股「失戀潮」，主人只好祭出壓箱法寶：大名鼎鼎的《當你途經我的盛放》，其中一首「你見，或者不見我，我就在那裡，不悲不喜。你念，或者不念我，情就在那裡，不來不去。……」曾經感動多少世間男女，傳

店門口誠實書店進行一場社會實驗。

地圖控老闆以選書連結世界。

誦一時，書婷將其喻為「愛情聖經」，優美詩文寫成的書法，還裱框高掛在書店牆上，不過他讀扎西拉姆．多多的心靈詩篇，更多感受是「超越」，看待任何情感關係之前，先與自己和解「超越就是，你要先準備好自己，才能有辦法有一段健康的關係，不受到過去羈絆，然後就會有好事發生。」

跟自己談愛，於是，店主推薦我讀《給川川的札記》，探問自我，作者奚淞字字珠璣，沁入人心，白先勇為其撰寫的長序文，優雅抒情，大師典範讓他推崇備至，這是書婷自己經常反覆閱讀的另一本「靈魂聖經」，現在，也成了我的床頭書。

有愛、有溫馨、有浪漫真情、有人道關懷，北臺灣的小書店，守住一方天地，傾注自己微小的力量溫暖人間，實踐「世界大同」平權理想，很難不教人感佩而愛上它。淡水不遠，上坡不累，安步當車走來，進入「好書室」，享受「好舒適」，不虛此行。

開書店可以安放自己，

同時爲沒有話語權的人發聲。

OWNER'S TALK

OWNER'S INFO

鄭書婷

從大學時期的跨文化閱讀起步，書婷將對異國與弱勢群體的關懷融入事業。「爬上坡好書室」選書獨特，專注於中東、非洲等冷門地區及勞權、移工等議題，成為弱勢發聲的據點。書店既是他安放自我的場所，也是關懷他人的空間，透過閱讀傳遞愛與思考。

MY FAVORITE

店主私房書

了解巴勒斯坦，不只有薩伊德的理性論述，架構於歷史時空的小說，立體鮮活，用文學形式為巴勒斯坦的苦難發聲；虛構的故事反映社會面貌，印度的階級制度與生命流動，同樣真實。透過閱讀，外在世界近在眼前，心中纏結也得以解開，詩篇以愛為題，其實是對生命的了悟。

OWNER 書婷

1

《藍色加薩》
蘇珊．阿布哈瓦
（Susan Abulhawa）
張穎綺 譯
立緒文化事業有限公司
2016

2

《哭泣的橄欖樹》
蘇珊．阿布哈瓦
（Susan Abulhawa）
鄧伯宸 譯
立緒文化事業有限公司
2010

3

《微妙的平衡》
羅尹登．米斯崔
（Rohinton Mistry）
張家瑞 譯
柿子文化
2012

4

《當你途經我的盛放》
扎西拉姆．多多
寶瓶文化
2011

非推BOOK

《給川川的札記》（新版）
奚淞
聯合文學，2021

AUTHOR 慶齡

奚淞寫給川川的札記，訴說心底的深邃訊息，抒情文字溫柔婉轉，一趟自我追尋的精神之旅，始於愛，終於愛，睡前翻閱，總能存愛入眠，找到生命活泉。

A BOOKSHOP TOUR OF Taiwan 09

版本書店

安寧醫師實踐人文醫療的多元平臺

DATA

Add 臺南市北區開元路148巷33弄9號

Tel 06-209-0704

FB 版本書店SüRüM Bookstore

「我們蜿蜒向前而去的，不是死亡，而是此生。」深巷裡，磚牆上，一句短語，沉靜而有力，道盡生命觀，這裡是「版本書店」。

它很年輕，二〇二三年末才開幕，可愛的笑臉標誌SüRüM是土耳其語「版本」之意，但這間書店跟土耳其沒什麼特殊關聯，主人的精神核心在於「讓你的人生可以規劃不同的版本。」想法先行，將「版本」概念交給谷歌大神翻譯，在各種不同語言字型中跳出視覺最出彩的「SüRüM」，一個陌生語言的單字竟長得如此療癒，立刻融化店主「就是它了。」接下來，中文名稱呢？彎來繞去始終找不到足以精確傳達理念的詞彙替代，於是回到原點，就讓「版本」來注解這個討論生命識能的平臺吧！

連取名都不按牌理出牌，這間書店天生注定與眾不同，有人化約這裡是一個談生論死的場域，也有報導介紹它爲醫療院所外的諮商平臺，還有一

說則是，參與推動「病人自主權利法」的謝宛婷醫師，有感於現行體系過於制式僵化，因而創辦書店倡議補強缺漏。不過，謝醫師本人正色澄清，以上皆非！

身爲奇美醫院安寧緩和醫療病房主任，專長家庭醫學與老年醫學，加上法律研究所背景，謝宛婷醫師確實具備足夠專業談論「善終」，然而，正由於臨床經驗豐富，深知生命走到終點前各種情境之複雜多樣，他從不以死亡作爲斷點思考這個議題，當「安寧醫師開的書店」成爲一種標誌定位，它本身就被侷限了，人們可能帶著特定目的前來，醫師老闆固然樂於協助交流，但他眞正期待的是，這個空間可以對所有人開放「那些不想進來的人，其實才是我最想要碰到的人群。」

一言以蔽之，「版本書店」未曾自訂主題，成爲一處宣導安寧療護或大談醫療決定的場所，相反地，這間書店更想開大門探討如何「善生」，誠如這

段粉專介紹文「在生命長河裡悅納所有版本的自己，並穿梭可能版本的自己，在關懷共善的社會中璀璨生、無憾死。」

以書為橋，延續生命對話

言明願景，不失感性，熱愛文學的宛婷醫師擅長淬鍊文字表達思想，不過他斜槓開書店的起心動念，還是來自醫療現場「人生到最後要規劃的面向很多，醫療這邊只能解答一些病人的健康決定。」臨床照顧不只生理，心理上的關懷同等重要，其他許多看似非關醫療的問題，諸如家庭、人際、財務、監護等等，其實都攸關最後的健康決定，看過太多把遺憾留給自己的場景，促使他從根本思索「我能不能再更主動一點？能不能有一個更早的機會，跟他們碰面？不要等到這個家庭已經有狀況，很難解的時候，才能陪他們一起討論。」剛開始，這個構想落

實於院內的「安生藍圖」門診，安頓人生，規劃藍圖，前無古人的創舉獲得長官支持，卻不敵衛生主管機關與外界「跨行搶生意」的雜音，宛婷醫師因而決定「不爲難自己，也不爲難現有醫療體系。」將行動場域移出白色巨塔，走進社區，創立平臺。

所謂平臺，起初並沒有明確面貌，只有一群志同道合的各界專才，以及兩大原則：一、進社區接觸民眾，避免淪爲專家閉門會議；二、向外打開，平易近人。經過一番變化曲折，最後成了宛婷醫師自己創辦「版本書店」，雖非原始設定，倒也符合預期目標，一間社區裡的書店，任何人都可以推門進來獨處或談心，何況文字與閱讀，本是這位醫師文青的心頭好。

醫師斜槓開書店，宛婷並非我認識的第一人，但若論過程之戲劇張力，他絕對名列前茅，一般人開書店找房子，他卻是「被房子找」，甚至沒親眼看過就出手，本人大笑形容「這間房子就是網購來的。」何以如此衝動？說來只因臺南的老屋市場實在太熱門了。即使身爲道地臺南人，對於這十幾年來府城老屋欣力衍生的商業投資有點概念，此前他還是難以想像「這個市場夯到，沒有讓一棟可以用的老宅，有機會上房仲網。」意即，好物件在房仲與投資客的封閉社群裡早已搶空，根本來不及上市面流通。

所幸，百密仍有一疏，就在找房三年未果幾近絕望時，宛婷的另一半偶然看到臉書跳出房仲廣告，他們敏感察覺機不可失定要立刻把握，偏偏當時兩位全職醫師都被困在醫院裡，只得委託熟識的專家朋友到現場探個究竟，好友不負所託，又是發揮專業眼光爲房子打分數，又是緊迫盯人追著房仲跑，終於幫他們搶得先機斡旋。接下來領現支付斡旋金，上演情節也堪比戲劇，夫妻倆一個剛走出安寧病房，一個還在手術室外，只能透過手機溝通「你趕快領錢，等一下會有個房仲去按門鈴，那絕對不是詐騙，我們要買書店的房子了。」不到一分鐘的通話過程，終結了前三年的尋尋覓覓，然而就在眾人以爲塵埃落定之際，又殺出另一組投資客提出更高價收購，經過幾番折騰，最後，由賣方定奪花落誰家，基於理念與情感，屋主還是決定將承載家族回憶的地方交給了宛婷醫師。

EIIR

一天之內高潮迭起，人生如戲畫面感十足，發現了嗎？在每個轉折點，扮演重要樞紐角色的其實都是「人」，什麼樣的朋友願意這樣戮力以赴？什麼樣的買賣雙方可以如此相惜？為宛婷醫師使命必達促成交易的好友夫婦，原來是過去居家安寧病人的家屬，從醫病關係變成多年好友，過去他們信任醫師專業照顧母親，十幾年後，醫師信任他們的營造與房地產經驗找到基地，人間佳話，莫過於此。至於房子的前任住戶，是一位福壽雙全高齡辭世的老奶奶，子孫長居海外無力維護，才決定處理國內房產，售屋過程中，賣方十分訝異自家老宅竟搶手至此，不免好奇詢問各路人馬買房用途，對於「兩個想不開的醫生」要以書店型態保留母親最後住的房子，在此實踐生命關懷，既意外又感佩，因此不以價格而以認同成交，這間書店的故事從序幕開場就暖心動人。

從醫療到閱讀，版本書店的生命對話

我們現在看到的「版本書店」，庭園碧草如茵，老宅典雅精緻，在新主人悉心修整維護下，這棟六十幾年的老房子幾乎以原貌被保存下來，內外只各一處略做更動，屋內由於局部磨石子地板早已毀損，現今材料技術皆無法復刻，於是以木座架高作為書店小講臺；外牆部分，考量書店不同於民宅，因此將庭院高牆放低接觸民眾，由外往內一眼望去，素樸紅磚牆搭配整潔綠草坪映襯老屋風華，賞心悅目極了，第一次前來新書店探路，我的搭檔尚彬「以貌取店」，還沒打開書店大門便已拜倒院外，而牆面上的主人小語意味深長，文采出眾，讓我們一行更添興味。

「我們蜿蜒向前而去的不是死亡，既在否定死亡，但也在接受死亡，因為那一刻終結，我們才意識到人生的有限性，一切才開始有意義，這有限的

店內販售的書袋也是社會企業合作的產品。

人生化成最簡單的兩個字就是此生，這家書店要做的事，都跟你的此生有關係。」脫下白袍，轉換成書店主人身分的宛婷簡潔闡明中心思想，在這裡，探討重點是有死之生，以諾貝爾文學獎得主薩拉馬戈的小說《死神放長假》爲引，凸顯存在的價值，一個再也沒有死亡的社會，人們活得漫無目的，秩序大亂，對死亡的恐懼轉而變成對生命的恐懼，永生，是祝福？還是惡夢？藉小說家的荒謬寓言，宛婷醫師清楚釋疑，他爲何敢於挑戰將死亡二字直接寫在外牆上，因爲「我所談的死亡，從來都不是眞正的死亡，而是從此刻到死亡之前，我們如何好好活過每一天。」

談生之意義，無法迴避死，可以想見這間書店裡必然有個「生死書區」。濃縮二十餘年學習經驗，宛婷醫師親自選書上架，自信地說：「我已經幫你把從今天倒回去看，人類史上在談死亡這件事情，我們應該要汲取哪些東西，而它又成爲可以被閱讀的書籍，都選在這裡了。」主人以本身的知識來源「專業選品」，羅列各學派論述內涵以及不同歷史文化的觀點，讀者在此絕不會只看到泛泛的高齡失智、醫療保健、靈性覺醒，也不至凝重得死氣沉沉，教人喘不過氣來，這區書櫃呈現主人「鮮活的脈絡」，深淺互見，全觀多元，有意思的是，生死書櫃雖然離門口最近，卻不會第一眼被看見，店家技巧運用空間將它「藏」得剛剛好，除了淡化安寧醫師身分色彩，主要考量仍不脫創設初衷，「如果你只想要在死亡到來的端點，才去處理你人生的問題，那麼這些書是處理不了的，我們要靠其他櫃裡的書，才有辦法處理漫漫人生。」

擱雲小客廳講唱會
黃色臉孔
巴別塔學院
林剪雲
大河小說
三流超級英雄

在閱讀中安頓人生

生命議題何其多，主人竭盡所能，將人生這一路基本會遇到的事情，廣泛涵蓋在書店裡，無論來人處於哪個階段，帶著何種混亂，他都期待「你的人生從此刻開始活好。」放眼書店主要空間，我們生存於世該懂的、想學的、基本滿足、進階提升、由內在自我到

店內選書談生更重於論死。

對外關係，甚至對應不同年齡階段的適合讀物幾乎一網打盡，其間占比最大也最醒目的是大量文學小說，滿滿三大櫃，推開大門隨即映入眼簾，想忽略也難，如此安排，是主人私心偏好，也是他的「順其自然，以及刻意而爲。」自然，指動線安排；刻意，則是他的精心誘導。

凡文學愛好者，大抵都會同意「小說裡至少會有一個主人翁，每個主人翁都有他的人生，你要認識人生，從這種文類裡去認識，再好不過了。」無論現實改寫，或者純屬虛構，高明的文學家在作品中創造精彩故事，寄予思想，對任何角色著墨都不脫普世人性，它可以跨越國界語言、歷史長河，讓我們享受不同的種族文化，又能在情感上與之共鳴，宛婷醫師有意「硬塞」這些有價值的書寫給顧客，希望「你去讀主人翁的人生，從裡面看到人性，去對應你現在的困境，然後呢，每一個走過困境的歷程，都是生命的滋養，你會帶著這個禮物，到死亡的那一天之前。」然而，連作家都感慨小說不受待見的年代，書店主人刻意操作的行動眞能達到對話目的嗎？宛婷醫師本於務實，又樂觀促狹地說「它不必然會發生，可是那是我想像中在某一刻會發生的勝利，老闆我恆久的勝利。」

用文學開啟對話，以此刻思考臨終，安寧醫師開設的書店跳脫先入爲主的框架，就是不讓我們想當然耳，布局如是，選書亦然。作爲主要選書人，博學的宛婷非常懂得活用知識型塑「人生書店」的樣態，他穿梭各種學門，爲讀者選取「對你有幫助」的書，例如一本理財書，上架的理由來自「人生在某些階段，可能會遇到一些普及性的理財問題，跟你的人生能不能安頓好有關係。」簡而言之，這本書來到「版本書店」是由於內容實在，開卷有益，在此的定位是安生所需，而非財管類別，也因選書人心思大不同，故而遲遲找不到明確的分類字樣，宛婷坦承，即使再過五年、十年，這間書店可能還是無法用傳統思維標明類目，因爲「書跟我之間的互動，就是永遠會越界。」

這想法聽著熟悉，製播閱讀節目這些年來，許多淵博的受訪者都與我分享過類似概念，學問相通，沒有邊界，宛婷醫師將個人深厚的閱讀素養，化爲具

大量文學書位置最為醒目。

象呈現在書店空間當中，開展出一幅完整的人生圖像。基本上，「版本書店」只有性質，沒有類別，陳列邏輯跟著人生階段的主要需求走，從繪本童書的圖像與簡易文字初識世界，爾後成長啟蒙、探索未來，接著成爲大人規劃生涯、提升眼界開拓胸襟，乃至遭逢各種挑戰練習自我強健，繞行主要書區一圈，幾乎都能得到有效建議。

選書取向，為人生預留空間

隨時可能來襲的人生災難，是另一選書重點，對應笑淚無常相當切合實際，宛婷特別選出《戰火下我們依然喝咖啡》闡述想法，強調世界觀又具有共時性，面對無情戰火，烏克蘭民眾採取柔性對抗，維持日常運作表達捍衛國家的決心，他認爲這本書的核心精神與「版本書店」非常相似，雖然「不是每件事情都要談這麼大的格局，或每件事都要想到死亡，但透過他們怎

第二書區著重更高的精神層次與傳統文化。

麼倖存下來，回頭看小我的人生，如何從那些小場小場的災難衝破過來，這很重要。」從一本紀實文學，走進地球村，領略微小日常的力量，書店主人安排的「禮物」，無一不在提醒安頓此刻，祝福無憾未來。

滿足基本需求、處理好眼前混亂之後，往內走進第二書區，享受生活餘裕，對比進門主書區，這個長型空間雖然相對窄小，內容豐富依然，著重精神上更高層次的追求，宛婷謙虛地說「因爲這個多樣性太廣了，空間也不夠，我只處理我比較熟悉、關注的面向。」例如：享受總少不了吃喝，飲食文學就進來了；免不了蒔花弄草，自然植物、生態文學便納入了；追求性靈提升，藝術美學、建築設計很有幫助；完善家庭人際，伴侶關係、多元成家議題都值得一讀，其他關於思考與內在探索的哲學、宗教、身心靈等，舉凡經典都在其中，主人選書眼光往往不離醫師本業，他提及架上一

本《三個深呼吸》，芳療師出入災難現場、偏鄉與病房，用手和精油撫觸他人的病痛，穿過肌膚也穿透苦難，一方面，書寫主題與安寧照顧相關，另一方面生命交會的場景令他動容，特別受到青睞的書，幾乎都內蘊宛婷醫師的核心關懷。

楊桃樹的生命連結，書店、社區與醫療的交會點

除了選書品味，書店布置亦是特色展現，「版本書店」的老房子自有年代韻味，一切復刻搭配原木暖色調，身處沉穩氛圍自然靜定，即使沒有特意劃分友善親子區，小小讀者來此也少見失控難安，若想獨處不受干擾，可選擇邊角小和室避靜，眺望窗外滿眼綠意，庭中一棵楊桃樹尤其醒目。

其實，我們本來無緣見著這三十幾歲的楊桃樹，文青魂上身的新主人原意砍掉改種苦楝，無奈秋冬季節不適合植栽移株，原生種楊桃於是被暫時留了下來，左鄰右舍行經院外，不時分享楊桃樹的回憶，並大力盛讚這樹「很會生」，講得新屋主意志動搖，說起來，可眞感謝那些老厝邊，我們才得以品嘗到蜜餞極品，街坊鄰居所言不虛，這樹終年結實纍纍落果滿地，導致店家只好請老舖製成蜜餞，兔兔店長第一次端上，我們見它外表平凡無奇，初始還不以爲意，一入口，甜酸平衡爽脆適中還留有鮮果口感，哇！下一秒隨即異口同聲「請問這有賣嗎？」不誇張，刻正打字描寫那美妙滋味的我，至今仍覺齒頰留香。

楊桃樹眞正的生命故事，主軸當然

不在我們這群閒雜人等，與之緣分相繫者是一位居家安寧的病人。老爺爺生前最後幾日食欲不振，已然毫無胃口，唯一想再嘗嘗楊桃的味道，喝幾口楊桃汁，由於並非產季加以洗腎病人不宜攝取高鉀食物，讓家屬頗感爲難，宛婷醫師專業判斷，當時已屆臨終只可能淺嘗，一切無礙，於是提供自家楊桃產品讓家屬帶回，老爺爺開心吃了三天之後，含笑而終。憶述這段緣分，宛婷感性地說：「這是天注定吧！原來老天派了醫生來看你，不是要用我安寧的專業能力，是因爲我剛好開了一間書店，裡面有一棵砍不掉的楊桃樹。」

如今楊桃樹不但健在，並且一如既往的「能生」，兔兔店長開玩笑說「差點以爲靠它的產量就能讓書店活下來了。」老樹生機盎然，滋養的其實是護理師們，到宛婷主任的書店庭院撿楊桃，變成一種紓壓良方，自書店開設後，醫療團隊人員時不時會到這裡「充電」片刻，對於身心壓力極大的護理師來說，五分鐘的閱讀或咖啡時間，都足以重新蓄積能量往前奮進，有些相熟的護理師甚至利用自己休假時間到書店輪班，我們第一次來訪時，遇上貌似店員的小穎，眞實身分可是位專業的資深護理師，一路從安寧做到長照，多年深入社區接觸民衆，他懂「版本書店」的關懷宗旨與社會價值，當老闆與店長忙著籌備活動時，自願前來代班顧店，問他不累嗎？小穎笑稱「這是體驗自己活著的感覺。」當事人一派輕鬆，我們卻聽得敬佩，在醫護過勞人力短缺議題正熱的當口，小穎讓我見識到專業人士另一種自我實踐的面貌。

從醫療到文化，版本書店的人文療癒之路

不只「一日店長」爲護理師，「版本書店」正職店長兔兔同爲護理背景，儘管最後沒選擇臨床照顧人，終究還是來到醫師的書店照顧書，自我形容生涯抉擇爲「無法行萬里路，可以讀萬卷書。」兔兔店長另一專長爲茶師，所以來此閱讀還可品茗。這間書店裡，每個人都有數種身分，宛如斜槓人士大本營，連開幕後第一場講座活動，主講人也是心理師斜槓導演，宛婷笑說

「我只是去念法研所，他比我還斜槓，當完心理師以後去念影像所，後來變成拍紀錄片的導演。」這位安寧病房曾經的工作夥伴，拍完電影繼續攻讀人類學，如今關懷的主體是流亡藏人，乾脆長年與觀察對象生活在一起，這些特殊經歷見聞組合成一系列「在南亞空中建造的閣樓」講座，從相關選書展覽、攝影展到眞正的生活儀式體驗，立體完整有聲有色，對初入書店業的宛婷醫師來說，第一場活動大獲成功的意義不僅在於內容別開生面，或者有無創造行銷話題，而是「透過一個那麼遙遠的國族，對應一些生命共通的議題。」理念的連結與契合，經由活動設計，傳遞共同感動給所有參與者，在大家心中點亮微光，「版本書店」的起手式不但合於初心，甚至超乎想像。

斜槓醫師的書店人生展開之初，另有一樁意外驚喜，宛婷怎麼也沒想到，平臺誕生之前「不甘寂寞」的過渡期活動，後來竟會讓他得到以丹麥爲

字，讀到家族的情感與羈絆的複雜曖昧，人世間走一遭，誰又能獨立於世？

醫療結合創意設計的終意書榮獲GDA大獎。

基地創立的歐洲國際大獎GDA。

書店計畫尚無著落之前，宛婷與安寧照顧基金會曾實驗了幾場「善終無代誌工作坊」，大膽進入一般市集談生論死，以「平安無恙」爲題、手作活動爲輔，測試大眾接受程度，部分民眾的正向回饋令他頗感振奮，下一步設計視覺感出色的「終意書」盒子，將古典的安寧照顧概念置入其中，四張具體明信片對應人在臨終前的心願，包括：身體、心靈、關係、財務都要「無代誌」，一切作爲只意在溝通交流，沒想到宛婷在鄧惠文醫師節目受訪分享觀念，竟引起聽眾注意，主動來信建議他們投獎，這正是良善的緣分吧，熱心聽眾原來是GDA臺灣分部的同仁，全程協助報名之外，連獎項都先協助挑選，結果，當然就是我們如今在「版本書店」裡見到的榮譽獎牌，人文永續觀念走在更前端的北歐國家，以「關愛設計獎」肯定醫療結合創意設計的用心，「青年願景獎」則頒給了謝宛婷醫師個人，雖然努力並非爲了得獎，然而來自遠方的鼓勵仍爲宛婷帶來一份「小確幸」，尤其個人獎敍述寫著「這一位獲獎人，他在推動的是公民的安寧緩和療護，這是一種世代傳承必要的正氣。」令他感動莫名，被理解的喜悅，更甚得獎本身。

各種緣份或遠或近，交錯織就「版本書店」美麗的人間風景，這間安寧醫師開設的書店，從裡到外生氣勃勃，表面上，它開宗明義直面死亡，實際上，它溫柔接納歌詠生命，一如主人著作命名《因死而生》，存在有限，版本無限，書店主人肩負醫療與文化兩個使命，從安寧病房走進社區，演繹璀璨，如此版本，值得你穿行府城「蜿蜒」巷弄前來品味。

這家書店要做的事，都跟你的此生有關係。

OWNER'S TALK

OWNER'S INFO

謝宛婷

本業為安寧緩和醫療專業醫師，因臨床經驗體悟到人生規劃的重要性，希望能在疾病與遺憾發生前，提供更早的陪伴與對話，從而走入社區，創立「版本書店」。這不僅是一間書店，更是生命關懷的平臺，透過選書、講座與社群互動，探討生死議題，傳遞人文關懷，以書為媒介，結合醫療與文化，溫柔地引領人們思索生命的意義。

MY FAVORITE

店主私房書

OWNER 宛婷

過去的人如何想像現在，現在又將如何影響未來？拉長時間軸反思短期主義危局，現代人迫切需要重建時間感；不是遊記的遊記，《正午惡魔》作者深入遠方異域，從旅遊中理解不同國族社會，變革的起點是先學會接納；家的意義是什麼？信仰虔誠的家庭，表面和諧內在分崩離析，聖誕節前夕開始，兩代人在十字路口各自徘徊，尋找救贖重建信念；諾貝爾經濟學大師阿瑪蒂亞．沈恩的回憶錄，在經濟學領域貢獻卓著，卻充滿人道關懷，關注貧窮、飢餓，天下為家胸懷世界；被冰凍了三萬年的女孩，解凍後病毒恢復活性，蔓延世界，日裔美籍作家紅杉．永松的科幻小說，在死亡無所不在的黑暗世界裡，尋找愛與微光。

1 **《深時遠見：時間感如何影響決策，人類如何擺脫短期主義的危局》**
理查．費雪（Richard Fisher）
張毓如 譯，麥田出版，2024

2 **《比遠方更遠》**
安德魯．所羅門（Andrew Solomon）
林凱雄 譯，大家出版，2023

3 **《十字路》**
強納森．法蘭岑（Jonathan Franzen）
林少予 譯，新經典文化，2022

4 **《家在世界的屋宇下》**
阿馬蒂亞．沈恩（Amartya Sen）
邱振訓 譯，時報出版，2024

5 **《黑暗中我們能走多高》**
紅杉．永松（Sequoia Nagamatsu）
楊沐希 譯，皇冠文化，2023

非推BOOK

《因死而生》
謝宛婷
寶瓶文化，2019

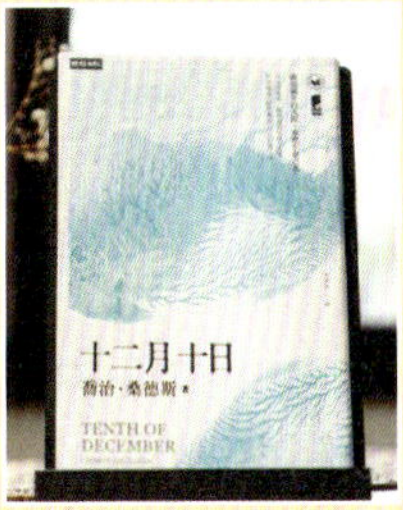

《十二月十日》
喬治．桑德斯
（George Saunders）
宋瑛堂 譯，時報出版，2015

AUTHOR 慶齡

宛婷醫師深情推薦喬治．桑德斯精采的短篇小說，死亡未必指生理上的衰亡，有時候，人活著活著就走不下去了，每個人生都曾面臨的情境，可能在某個轉折又重燃了生命之光；宛婷醫師的善終思索，安寧病房的生命交會，掙扎抉擇，在抒情筆下真實呈現，提供思考，共感人生，表面上是一本死之書，實際上是一本生之書。

A BOOKSHOP TOUR OF

Taiwan

4

臺灣閱讀風景線的多元樣貌

10

書集囍室

鹿港小鎮古色古香的老屋風情畫

11

瑯嬛書屋

關懷平權與弱勢的性別主題書店

12

駅本屋

礁溪車站旁可足浴閱讀的溫泉書店

書集囍室

A BOOKSHOP TOUR OF Taiwan 10

鹿港小鎮古色古香的老屋風情畫

DATA
Add 彰化縣鹿港鎮杉行街20號
FB 書集喜室

鹿港小鎮，從來不缺精彩。羅大佑以它爲名譜出經典名曲，紅遍臺灣傳唱至今；施叔青從它起步書寫臺灣三部曲，《行過洛津》看時代興衰。這個曾經盛極一時的港埠，沒有霓虹燈也無損風華，迷人氣韻自有歷史陳釀，遊人來此，偏好湧入老街采風，沿紅磚曲徑遙想昔時商貿繁榮，或者前往天后宮點上清香一炷，虔敬感念媽祖四百餘年鎮守善護，想要避開人群，偏離觀光客路線轉入巷弄亦別有洞天，例如短短一條杉行街，看似古樸寧靜，也有過一頁繁華，這裡曾是早期福州杉買賣市集，鼎盛時，木材行、手工藝店與家具行熱鬧群聚，還是通往龍山寺的要道，就連尋常民宅都有故事，最爲人津津樂道的一戶施姓人家，培育出一門三傑施淑、施叔青、李昂，文學之家名符其實，如今，小街上另有一處老宅也飄散書香，凡路過必會引人佇足一探的獨立書店「書集囍室」。

別致的店名，是我對「書集囍室」第一印象，尤其對於日常少有人使用的「囍」字格外好奇，以爲老屋暗藏什麼祕密典故？實際走訪，經由老闆黃志宏親自說文解字，才暗笑自己對古宅的想像力過度豐富，原來，一切都很直觀，「書集」就是字面上的意思，書的市集，「囍室」也不複雜，形容開設

書店喜悅的心，老闆顧客在此盡皆歡喜，店家取其義，剛開始想的是常用的單喜字，反而是爲其題字的書法家建議，黃老闆夫婦二人相偕回鄉經營書店，不妨用字成雙更爲貼切，就這樣，「書集囍室」拍板定案，牌匾成形掛上廳堂，這間建於一九三一年的老宅搖身變成一間書店，書香爲伴迎向百年。

緣分與修復，黃老闆的老屋故事

老屋書店並非新的概念，近幾年中古洋樓、日式宿舍變身文藝場所的例子所在多有，即使走訪過不少歷史空間，「書集囍室」仍然輕易讓我們一眼愛上，它的質樸魅力主要來自建物本身，老闆不諱言「進來這裡的人，百分之七十都是因爲房子。」當然，這得歸功買家，古厝修復的完成度極高，幾乎完美重現當年鄭家老宅的街屋樣貌，來到這間書店彷彿時光倒流，瞬間回到上個世紀三〇、四〇年代，木製的門板、窗櫺、床座，透光的天窗、汲水的古井，還有避難的防空洞，屋內元素無一不是先人生活的痕跡，九十多年過去，任憑時代變遷世間流轉，老物件只管兀自守在原處，沉默地向我們上一堂生動鮮活的歷史課，思古幽情滿溢，來客人人訝異讚嘆，不枉店主辛苦一場，悉心修復。

「會買到這間厝，攏是緣分啦！」操著濃濃的鹿港腔，黃老闆以我熟悉的彰化家鄉口音，訴說他的老屋奇緣。

黃志宏是當地二港人，出外打拼多年回鄉，四處託人尋找「巷仔內的厝」打算定居，初時並未設定非老屋不可，更無意以書店開啟第二職涯，然而緣分就是這麼奇妙，就在另一間房子簽約前夕，仲介又告知了杉行街老屋待售的訊息，抱著姑且一看的心態前來，沒想到竟意外對眼，當日立刻議價兩天成交，決斷買房大事如此快狠準，他自認並不衝動，而是感覺對了「我們進來，裡面是廢墟，後面雜草叢生，可是裡面是舒服的、涼爽的，這就很奇怪，就是感覺，所以那天就決定買了。」除了難以言喻的「舒服」之外，黃老闆與這條街也頗有淵源，回憶童年「小時候，我爸爸就在隔壁的隔壁做刨刀。」或許，人找房子，房子也會挑主人吧！在荒廢多年以後，即將百歲的老厝與地緣關係深厚的買家相遇，注定歷史終須繼續訴說。

然而，要憑一己之力修繕頹圮老屋談何容易，黃志宏描述當初第一眼所見「裡面形同廢墟，屋頂塌一半，樓盤也垮了。」即使屋況破敗至此，這位新主人仍執意「要修理得跟日本時代都一樣，都要修復原樣就對了。」學歷史的黃老闆，對於尋找時代記憶非常較眞，雖然目的是購屋自住，但在著手修復之前，他首先進行的工程卻是「調

滿室古書冊十足懷舊風。

查」，愼重其事找來原屋主提供線索「賣我的人，他在這邊好像住到四、五歲而已，我就請他幫忙介紹，他們家族有住過這裡的，我再跟他約時間去訪問，知道的我都問，問好再修理。」分明是整修自宅，新買家念茲在茲的卻是文化保存，我們豎起大拇指誇他「太感人」，但當事人僅雲淡風輕地回應「是我買了這間房子沒錯，但這間房子就是他們家的歷史，他們的歷史才精彩。」

老宅書屋延續的歷史與情感

爲了重現「精彩」，黃老闆發揮學術研究精神深訪鄭家長輩，拼湊這個空間裡的生活經驗，再根據蒐集到的資料還原老屋形式格局，對他而言，「修復」的意義不僅關乎單一家族史，主要目的還在於反映時代，「我可以從他們家族行業的變遷，還有這個房子，來講杉行街的變化、鹿港的變化、鹿港

港口功能，還有臺灣的交通運輸，電力的變化。」有空到此一遊，就有機會聽到老闆親口梳理他的發現：從老屋起造的年代背景、昭和時期的堂號「鄭永益」，到鄭氏家族的貿易事業移轉，如何從杉木到布料「東洋行」，以及牽動其間的各種環境因素，諸如運輸條件與戰事變化……從鹿港小鎮一間古厝、一個家族看臺灣歷史，黃老闆運

用所學彙整史料宏觀大時代，將修復老宅的過程豐富爲一場文史研考，最後，還附加催生出一間古色古香的老屋書店。

「在修理的時候有時會想，它是街屋，街屋的話，就是前面做生意，後面是住家。」念頭一旦萌生，後續思考似乎都能順勢跟上，開書店對黃志宏夫婦來說，確實是門合適生意，一方面可以「開放參觀，讓更多人知道老房子的好。」另一方面，學歷史的先生與專長人類學的太太，兩人都是重度閱讀者，從書店入門似乎相對可行，然而進軍書業和單純消費買書畢竟是兩回事，光進書第一關，就讓老闆踢了不少鐵板，開幕在即，卻無新書可賣，只得搬來家中藏書應急，而黃老闆歷史文物研究所的老師同學，得知他要開設書店，也提供不少二手書充實貨架，「書集囍室」因而經常被誤認爲一

間二手書店，老闆無奈解釋「其實舊書這件事情，不是剛開始的想法，本來要買新的，所以現在才會有新有舊。」

十多年過去，老闆早已透過其他書店同業打開進書管道，然而「書集囍室」裡的舊書比例仍高於新書，主因之一是老闆的師長友人贈書源源不絕，當出售速度跟不上收書進度，二手書難免越堆越多；其次，這位良心老闆從不退書，他的原則很特別，「我覺得適合的，我就要賣，賣不掉泛黃了，我就把它打五折當舊書賣就好了。」不僅如此，自家開書店，黃志宏仍習慣不時到二手書店走逛一番，隨手帶回幾本喜歡的書，種種原由，讓他的藏書庫日益飽和，所有想像得到的歷史人文書籍，幾乎都能在「書集囍室」挖到寶，他刻意不將舊書分類，避免客人進門只鎖定一處，而錯失其他精采，讀者全區移動隨機瀏覽，書架時不時就會蹦出意外驚喜，這種實體書店獨有的不期而遇樂趣，老闆深諳其道。

書香魅力，在書集囍室中尋找不期而遇的故事

店內唯一明確劃分的是新舊書區，「書集囍室」以文史定位，新書當然也走同樣路線，其中比較突出的主題當屬民間信仰與族群關懷，讀歷史的黃老闆本身專攻信仰，太太鑽研心理學與人類學，新書挑選投射出主人的研究領域，《名人書房》節目第一次到訪拍攝「走書房」單元，黃老闆所推薦的《靜寂工人：碼頭的日與夜》書中紀錄的生命群像，就是基隆港碼頭的底層勞動者，這回採訪，則偶遇一位高中女生來此找書，一本連大人讀來都不免沉重的《受苦的倒影》，黃老闆先是

問起學生爲何特意來尋這本書？隨後向他簡介內容：心理諮商師面對受苦之人的凝視與反思，並點出作者的書寫精神，何以稱之爲一個苦難工作者的田野備忘錄，結帳時還不忘建議年輕人「這樣的書要慢慢看，邊思考，可以看很多次。」

可能是我們的招財貓體質大發功吧！約好老闆訪問當天，店裡來客絡繹不絕，雖然因此被迫中斷談話好幾次，卻也讓我得以觀察到店主與顧客之間的自然互動，每當客人進門，親切的老闆總會詢問「你從哪裡來的？」鹿港小鎮的生面孔，十之八九都是外地人，有的如前述高中女生，與媽媽一起旅行，轉進書店找一本「老師推薦的課外讀物」；有些則是衝著「鹿港的獨立書店」按圖索驥專程而來，博學的主人會爲他們推薦當地的文史風土記述；或者，讀者想深入了解的是自己家鄉，老闆便根據對方來處介紹相關書籍；還有更多是湊巧路過，受到老屋吸引進門的遊客，這時重點就成爲內部導覽，介紹老屋歷史特色，無論來者何人，到此一遊都能享有賓至如歸的「客製化」招待。

我不禁好奇發問「每天都要跟這麼多人聊天嗎？」黃老闆笑著坦白，多數平日裡，來客其實寥寥可數，因此「不想算收入，不要在意，否則會顧不下去。」事實上，經營書店之初，他們也曾兼做餐飲高朋滿座，利用整修後的漂亮廚房出餐，做起「中午一起吃」生意，週六日經常客滿到得請兩三位工讀生幫忙，但外人看到的興隆榮景，卻引發老闆娘反思「到底是要賣書？還是開餐廳？」可想而知，書店才是初心，回歸本職專注賣書，如今「書集囍室」雖不再提供餐點佳餚，仍保留幾項品質優良的茶品與甜湯，顧客可以脫鞋往上到樓井茶座小憩享用，也能坐在天光灑落、自然通風的天井區品茗讀書，老屋裡每個角落，都值得靜心品味半天消磨。

古井與防空洞——從歷史深處挖掘的珍寶

雖然屋齡將屆人瑞等級，但這間老屋書店毫無陳腐氣息，窗明几淨井井有條，置身其中相當舒適，主人當初置產，本就是以「生活的地方」爲目的，打理居所環境自然不遺餘力，潔淨舒適連帶嘉惠書店顧客，也由於買主極盡修復之能事，我們才有機會親眼見到眞能打水的古井，以及傳說中躲空襲的防空洞。

說起發現水井與防空洞的驚喜過程，黃老闆依然眼裡有光，這兩大最具代表性的古早設施，初期並未出現在視線可及的表面範圍，原家族長居在此經歷了不同年代，數次加蓋改造，水井早被水槽掩蓋取代，黃老闆爲了恢復天井修整廚房，才意外讓水井重見天日，他雀躍不已，用網子手動撈出雜質，還給古井乾淨清水。至於防空洞就比較曲折了，細心的黃老

闆發現一處地面磚塊方向不太一樣，請教原屋主得知，原來底下是從前的防空洞，考古精神瞬間被激發「反正我一定要把它挖出來。」結果，他自力挖了八天，終於理出心心念念的「古早的防空壕」，如今煙硝已遠，這個地點現在被新主人掛上鞦韆，充滿童趣。

從來客的反應不難看出，主人這一番苦功眞沒白費，曾經被深埋的記憶，如今成爲老厝最受歡迎的亮點，循著古早味從戶外轉進室內，大廳正後方的「總舖」同爲留客熱點，架高的木製床板是鄭家老阿嬤的「眠床」，聽聞黃老闆說出老厝主臥室臺語「總舖」時，我的記憶霎時被拉回童年，對，祖父母老家主臥也是這般稱呼，待在裡面，坐上鄭家阿嬤的床鋪，與黃老闆訪談聊天，讓我備感親切，據老闆考察，老阿嬤嫁進鄭家那年，正是房屋落成的一九三一年，婚後就在這裡度過一生，享嵩壽百歲，新屋主接手之後毫無忌諱，將半垮的舊時「眠床」修復原樣，他的觀念自然通透「我認爲生老病死，就是人的常態，對啊！這房子也是有福氣的，所以我一樣把它留下來。」

黃老闆的古物情緣

從小喜歡老東西，黃老闆對前人使用過的任何物品都百無禁忌，屋內擺飾許多來自遙遠的時空，他愛物惜物，「庄頭有人要丟掉的斗櫃」一經他手，轉眼變成實用家具，裝修房子也

不例外，「書集囍室」店內的書架、長椅，皆是使用房子原本的屋樑、木板、瓦片爲材料，DIY手作完成，連修繕技術都遵循古法，走近細瞧就會發現，這間書店裡每格書架長相都不相同，也算它的獨特美感。

古物癖呈現於書店，舊日印刷品自然不能少，它的「舊」之多元，著實令我們大開眼界，意想不到的古文書、日治時期的公學校讀本、戰時救護手冊、鐵道案內地圖，以及民國六、七十年代的文藝雜誌、政令宣導品、畢業紀念冊，還有各地鄉鎮誌幾乎無所不包，這家書店營業空間不大，野心倒是不小，彷彿想將臺灣人走過的歷史軌跡，全數收納其中。

如果時間充裕，仔細翻看還能在此找出不少絕版書，有好久不見的倪匡全集，瓊瑤初版的《一簾幽夢》、《船》、《寒煙翠》，封面反映半世紀前愛情小說的設計取向，尋寶過程中，最讓我欣喜的莫過於從前從前的《老夫子》漫畫，

那可是我們孩提時期的精神食糧，最感人的是，十塊錢就能帶走它，「書集囍室」裡的非文史類舊書，都是均一價十元，挑選完畢到櫃檯結帳，只見老闆手指起落撥起大算盤，當真是「古早」得徹底，老闆有點害羞地解釋「原本是用計算機啦！計算機壞了，剛好太太娘家的柑仔店收起來，就拿回來用。」他進一步說明，這個十六進位的算盤可不簡單，還能算斤兩，這位臺版的「舊貨獵人」不只愛蒐藏，在我們看來，他根本堪稱物盡其用的生活實踐家。

研讀歷史、住老房子、用老物件，他還騎乘老機車。不要誤會，「書集囍室」大門口停放的老舊偉士牌，絕非古董裝飾品，五十三年車齡的機車，至今仍是黃老闆的代步工具，他非常認眞地告訴我，車子能騎也能修，並且家裡還有另一輛四十幾年的達可達，同樣照常使用中。

不只是老房子，書店裡的歷史思考與地方創新

曾經在臺北、臺中等都會區打滾多年，黃志宏並非現代紅塵世外之人，與一般人無異「也希望書店賺錢，有收入付貨款。」然而，或許如我對他半開玩笑似的讚美「眞把歷史學到骨子裡了。」看待事物眼光長遠，眼前得失往往便無關緊要了，當遊客蜂擁而至，他不厭其煩敘說老屋歷史、形式特色，與人聊書交流知識；門可羅雀也無妨，聽著黑膠唱片，在老屋裡樂享一個人的閱讀時光，年少時，因爲失眠養成閱讀習慣，中年以後，又因爲開書店得以每天看書，他認爲何嘗不是一種收穫，最重要的是，他爲一個家族保存了珍貴記憶，體現歷史眞正的價值，不只鄭家後人，連毫無干係的我們都深感敬佩。

「一個老房子，不是幾百年，或八十年以上，才算老房子，可以反映當代的建築或是結構特色，它就是一個好的老房子。」想當初，這間年久失修的老屋曾被判定「沒有保留價值」差點拆除，所幸遇上有心人，不以區段商業價值或殘存街巷建物的眼光論斷它，「政府講的是建築語彙，我講的是時代意義。」黃老闆這份堅持，爲杉行街逐漸新舊更迭的街景，帶來另一種思考與想像，誰說地方創新只有拆、建一種方式，「書集囍室」以書香文藝妝點歷史容顏，總不乏舊雨帶著新知前來尋古探今，來客往往停佇良久，沉浸其中，顯然，歷史不見得是暗影，年代不一定要告別，我們，都需要記憶！

OWNER'S TALK

是我買了這間房子沒錯，
但這間房子就是他們家的歷史，
他們的歷史才精彩。

OWNER'S INFO

黃志宏

因緣際會回到故鄉買下鹿港老屋，用心修復後經營起書店。熱愛舊物，對歷史與文化有深厚情感的黃老闆不僅樂於與遊客分享老屋的歷史和文化，還創造了舒適的閱讀環境，讓人們能夠沉浸於書香之中。他堅信，老屋的價值在於其能夠反映當代的建築特色，並致力於保存家族的珍貴記憶，讓歷史成為當下生活的一部分。

MY FAVORITE

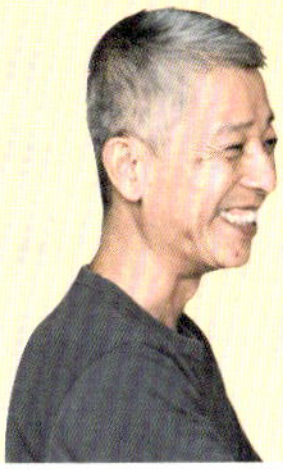

OWNER **黃老闆**

店主私房書

認識臺灣最普及的民間信仰，老闆力推讀這本入門就對了，從歷史源流到詞語解釋，再延展至臺灣各大媽祖廟、以及主要遶境活動介紹，考據嚴謹，深入淺出，學術研究也能親切易讀。關於信仰，店主另有一本《台灣人的神明》推薦，由於早已絕版，僅提供書名讓讀者參考。

《媽祖婆靈聖》
林美容，前衛，2020

非推BOOK

《臺灣歷史圖說》
周婉窈，聯經出版公司，2016

AUTHOR **慶齡**

歷史學家周婉窈專治臺灣史，前溯至史前時代開始細說臺灣，時間跨幅長達三至五萬年，以原住民族為敘述起點，用議題切入臺灣社會移民史，創造歷史寫作的不同風格，文字訊息量雖多，佐以圖片、圖表與地圖說明，清晰呈現複雜多元的臺灣歷史。

A BOOKSHOP TOUR OF Taiwan 11

瑯嬛書屋

關懷平權與弱勢的性別主題書店

DATA
Add 桃園市中壢區榮民路165巷6號
Tel 03-455-3623
FB 瑯嬛書屋

「瑯嬛」指天地藏書的地方，元朝伊士珍撰寫傳奇故事《瑯嬛記》，第一卷首篇記載瑯嬛福地的傳說，故以此爲名，後繼者明朝散文大家張岱也取其藏書豐富之意寫成《瑯嬛文集》，近代則有武俠泰斗金庸在《天龍八部》中以「瑯嬛福地」蒐藏武功祕笈，到了現代，桃園中壢有家書店直接取名「瑯嬛書屋」，公告周知並自我期許本店爲一知識寶庫，歡迎來此尋寶。

這麼有學問的店主是中文系畢業的之維，埋首文學找典故，引用「瑯嬛」二字，期望自己的書店藏書能日益豐富，成爲社區裡的瑯嬛福地。至於開書店偏要取作「書屋」，也有主人一番心思，他認爲「店」字商業氣息太濃，「屋」的概念更有溫度，就像「自己家書房或者客廳的延伸。」

說起來，「瑯嬛書屋」所在區域也算是主人生活範圍的地緣延伸，之維與好夥伴詠安都是桃園在地人，本身又念元智大學研究所，選擇中壢落腳既

感安全熟悉，也思忖著「大學附近，應該需要一間書店吧！」方圓幾公里內，除了鄰近的元智大學，還有中央、中原兩座學府，被三所大學包圍，確實偶有學生光臨，不過由於現代年輕人閱讀習慣改變，資訊來源多樣，設想中的大學生並未成爲書店主力客群，反而住宅區內的居民更常上門買書、聊天，至於非關地理遠近特地上門的讀者，多爲主題特色而來，「瑯嬛書屋」是一間倡議性別平權的主題書店。

友善空間倡議性別平權、築起知識的堡壘

身爲女性，之維從自己的成長歷程深刻感受到「我們社會對女生還是有很多不公平。」同時，他大方表示「我就是女同志，所以想在同志平權這一塊，盡一點微薄心力。」開設書店除了販售書籍，藉書本內容傳達理念思想，也能利用空間舉辦講座，讓議題發酵產

生作用，之維清楚，一直以來，這個議題的相關組織以及主題活動多在臺北，例如大名鼎鼎的「女書店」可以說是臺灣女性主義的發源地，過去想參加活動都得跑臺北，也許「瑯嬛書屋」的存在能夠讓有興趣的人就近參與，當然，立基桃園也有明顯的在地服務理想，希望提供本地的性別少數族群一個友善空間，讓每個人都有機會放鬆地做自己。

然而不可否認，經營實體書店挑戰日益艱鉅，位處都會外圍又設定性別主題，是否更形侷限？對此，店主的想法跟我們不一樣，「反而應該要設定一個主題，別人才知道你這家書店，到底是要做些什麼事情？」中心思想明確，從性別議題出發，切入根本的人權核心，這些年來，書店的行動開展面向極廣，從婚姻平權、跨性別者到勞工權益，觸及所有相對弱勢者的關懷，之維認爲，無論店內選書或主題活動，都不可能僅限單一，議題討論

也無法用類別或時間一刀劃分，舉例來說，桃園是一座工業城，在六、七○年代擔負臺灣經濟起飛重任，工業區林立，楊梅、中壢、龜山工業區都在桃園，吸引了許多外鄉人，久而久之就落地生根了，所以「我做性別議題可能更要回頭看，桃園在地的性別議題是什麼？了解前面的這些女性勞動者一路走來的軌跡。」爲此，書店特別舉辦女性勞動者工作坊，由講師帶領年輕學員們實際採訪當年的媽媽輩勞工，了解他們當時的勞動條件、後來經歷的環境變遷，爲這群女性也爲桃園留下一頁歷史紀錄。

性別議題在此尤其受到重視。

開書店擴大閱讀視野，在多元知識中探索平權

對之維來說，書店的豐富內涵同時意味著個人成長，他不諱言「我就是中文系的，以前的閱讀習慣其實非常偏狹，眞的只讀文學類的書。」成爲書店老闆之後，形形色色的各界專才來到身邊，爲他的世界注入養分，例如幾位常客都是社工背景，他們的社會觀察往往能觸發思考，促使主人看見更多議題面向，自然而然將閱讀範圍逐漸擴大，無論店裡賣的或自己讀的，如今只要與主題相關的學門皆爲重點書，之維分享「很多哲學和社會學的書其實更深入剖析了性別不平等的問題，還有同志權益長期被打壓的問題，這些都是需要不同類別的書，才能更深化地去討論。」

爲了進一步說明，之維特地從架上取下兩本書《不只是厭女》和《懼胖社會》闡述心得，同一位作者，同樣的犀利，引導我們從權力結構看問題，爲什麼性別平權看似進步了，厭女情結這種敵意卻仍然無所不在？誰有資格決定女性應該呈現什麼樣態、品行？一旦不符標準就予以攻擊。即使到了現代社會，女性依然被認爲應該有姣

好的外貌、曼妙的身材，不能過胖、邋遢，否則也會遭受批評，之維感慨地說，他印象最深刻的是「連醫療也是以男性生理爲基準或預設值，但是女性的病況、反應可能不太一樣，去到醫院就常常被誤判，或是忽略他的症狀。」不平等現象暗藏於各個場域，在書中一一浮現，吸納知識的同時，之維被激發出更多提問，他也邀請我們不妨連同《厭女的資格》一併閱讀，系統性的全觀「不正義」究竟是如何被父權社會合理化。

書店講座也經常邀請跨領域專家帶入新知，拓展視野，之維分享了一次有趣的演講體驗，人類學學者江芝華來店導讀《如何考古，怎樣思考》，此前之維從未認眞想過女性主義與考古學的關聯，或者如何透過考古學研究性別？江教授深入淺出的解讀讓他大爲嘆服，原來家庭分工並不盡然是男性狩獵、女性紡織，其實女性也會帶著武器外出打獵，擔任食物供給者，而女性擅長的紡織攸關家族地位，也非單純家務事，但是父權思維建構的觀點，往往形成偏差的事實，從性別觀點看考古學，新奇有趣味，之維說「開書店眞的讓我更擴大了視野，還有閱讀的範圍。」現在的他穿梭各種學門研究性別，在致力於推動平權的道路上，探索更廣，鑽研更深。

性別平權就是人權，以多元閱讀拓展性別平權的視野

聽著店主分享介紹，我們也加深了些許對性別平權的認知，其實當初第一次踏進「瑯嬛書屋」之前，我心中不無疑問「性別主題的書撐得起一間書店嗎？」如今想來，確實膚淺多慮了，如同之維所說「事實上性別平權，它就是一個人權的概念。」有太多論述可供參考，因此「瑯嬛書屋」並不只有女性主義、性別研究和同志文學，這些明確主題確有一定占比，擺放位置也顯

而易見，並且最靠近櫃檯，但新書區整體而言，文學還是最大宗，華文創作和翻譯文學都有一定質量，其他類別則多屬人文範疇，調性一致。而書店另一側環繞座位區的架上全是二手書，琳瑯滿目幾乎與新書等量，店主說明，開店之初基於成本考量，他們先以收購二手書爲主，後來才慢慢轉變爲現今大約各半的比例，在「瑯嬛書屋」可以點杯飲料低消免費取閱二手書，也能買新書結帳後入座，靜心小憩，牆面上兩位女性主義代表人物維吉尼亞．吳爾芙和西蒙．波娃的畫像陪你閱讀，追求性別平權的精神不言可喻。

「瑯嬛書屋」面積不小，除了新舊書區各據一方，入口處還有一張展示桌，秀面擺放最新推薦，此區最教我驚奇的是繪本，認識多元性別以繪本呈現引導，相關創作原來如此豐富，無論是性別認同的混亂、跨性別者的心理掙扎、對多元家庭的平等接納，都可以

之維和詠安是書店與人生的最佳拍檔。

用圖文創作的方式從小教育，有意義也有創意，其中讓我印象最深刻的是幸佳慧的作品《蝴蝶朵朵》，一個社會新聞中常見的熟人性侵故事，不再遙遠也無法冷待，在圖文作者柔軟關懷的筆下，運用色彩明暗表現孩子的處遇變化，相當高明卻又令人心疼。

瑯嬛書屋的社區實踐與主題行動

性平主題之外，「瑯嬛書屋」亦特別重視在地，位於桃園的「逗點文創結社」出版品常見於架上，小巧的口袋書便於攜帶，這回我又入手了一本陳夏民的《工作排毒》，不過店主本身更加偏好女性作家，他特別推崇《原來你什麼都不想要》的作者李欣倫，道地的桃園女性作家，細膩出色，每本著作都受書店青睞。

與桃園地緣關係深厚的創作者，之維還特別向我們引薦一位書法藝術家何景窗，風格獨具的字體明信片，一直是書店最受歡迎的文創選物，他的詩與書法創作集《席地而詩》，印刷與書法兩種字體交錯於紙上，寫成優美詩句，既是文學也像字帖，誠懇的主人總是樂於將自己欣賞的事物與大家分享，平日裡有明信片，春節時也販售書法家的春聯，同時，這個選物區也是落實弱勢關懷的小天地，配合「秧

文創小物區著重在地連結與弱勢關懷。

風工作坊」精障者就業共創計畫，騰出位置寄賣產品，貢獻一己心力，如同我們走訪過的幾家獨立書店，「瑯嬛書屋」在社區裡發揮的功能，早已超越傳統的書店價值了。

位處中壢的住宅區內，「瑯嬛書屋」就像社區好鄰居，販售書籍也提供休憩，對附近居民來說，這裡是看書聊天喝飲料的好去處，遠道而來的讀者則多半爲了參加主題講座，這是書店每年的重頭戲，挑選一個主題概念規劃整年度的系列講座，之維與我們分享二〇二四年的主軸「me too運動回聲」，邀請兒少性教育講師、文學作家、社工、律師、記者、倖存者、陪伴者等參與，從不同視角了解性暴力造成的傷害，以及陪伴者和支援系統能做些什麼？活動從前一年開始縝密籌畫，活動落幕還有後續，書店將八場講座內容記錄編撰成一本《瑯嬛策》，只送不賣，希望「盡量讓更多人，可以接觸跟了解。」儘管經營不易，但之維始終懷抱信念，「我

社科人文也是重點選書。

今天辦了一場講座，然後有某個人受惠了，他回饋給我，那個是精神上的喜悅。」

從閱讀出發，走向平等與人權

在生存面前，追求精神上的滿足，之維的喜悅還有很大一部分是來自文字，念文學的人多少都有過文學夢，然而讀得越多，越能看懂他人的才華，之維放下創作理想，開書店用另一種方式親近文字，他開朗地說：「也許不需要由我自己去產出，但是我可以接近這些文字，接近創作這些文字的人，我就覺得開心了。」他用書店接近心中的文學偶像，例如張亦絢、陳雪，新書發表會盛況空前，擠爆書店，事過境遷說起，之維仍難掩興奮，另外，楊佳嫻的張愛玲講座同樣滿場，也讓店主念念不忘，他認爲主題書店非但沒有限縮格局，反而能凸顯自我，貼近原本初心，同時出版社可能因此主動邀約合作，像是近期出版的《茶室女人心》，描寫萬華紅燈區女性的生命故事，切合書店清神，就是聚焦主題帶來的機會。

幾年來，「瑯嬛書屋」一直走在追求平等、關注人權的道路上，從未動搖，為無處安放的性別少數者提供一個友善空間，自認「有點內向」但無比誠懇的之維，是許多孤獨靈魂的傾訴對象，年輕人為跨性別傾向憂煩、挫折，在這間書店得到慰藉與安全感，而這位客人能做的是無論搬遷到哪，都不間斷地向書店長期訂書，彼此體貼連結情誼。除此之外，認同書店理念的社工也基於關心與義氣，自願花時間精神為書店另闢一系列比較生活化的讀書會，以吸引更多客群，讓店主又是欣喜又是感動，書店裡的故事，點滴都是人情溫暖。

書店自費出版
瑯環策記錄年度主題精華。

儘管主題嚴肅，部分選書甚至有點沉重，不過「瑯嬛書屋」決不致令讀者卻步，甚至許多過路客會被玻璃窗裡的可愛貓咪，招引進來，書店裡兩隻貓太郎和Maru，閒來無事就跳上桌氣定神閒地看向窗外，堪稱活招牌，我們開玩笑說這兩隻簡直是名符其實的「肥貓」，碩大體型往往引人驚呼，從小養在書店，完全不怕生，牠們習慣人來人往的環境，比主人還像主人，經常跟在逛書店的客人旁邊，彷彿在問「怎麼還不買書？」有貓咪點綴歡快，主人的書店甘苦往往也被療癒了。

「閱讀一直是我喜歡的，從小就希望將來有機會在一個全部都是書的環境工作。」之維達成了這份想望，創立一間為性別平權進步而努力的書店，他做了很多，仍覺得不夠，看似一個主題，實則包羅所有「人」的正義，這間書店所在意的不只是性別的平等、同志的權益，它關心的是人權的議題，「瑯嬛書屋」如其名是藏書豐富的地方，更是一處學習尊重與包容的所在，祝願每個人都得享應有的權利，愛自己所愛！

OWNER'S TALK

開書店可以接觸更多不同的書，擴大閱讀視野。

OWNER'S INFO

張之維

之維從小就夢想在充滿書的環境中工作，最終創立了這間致力於推廣性別平權的書店。對他而言，「書屋」的概念更具溫度，這裡不僅是販賣書籍的地方，更是交流與學習的空間。深刻感受到社會對女性的不平等，他致力於提供友善的環境，鼓勵人們探索性別與人權議題。透過書籍和講座，希望每個人都能找到自己的聲音，並在平權對話中獲得支持與尊重。

店主私房書

MY FAVORITE

OWNER **之維**

邱妙津的名著，留給世人無限慨歎，以奇幻手法反映同志處境，無法以真面目示人的孤獨、社會的壓迫，它是邊緣生命的告白，被視為二十世紀末最重要的同志文學作品；一部女同志的成長史，也是一則國族寓言，認同與壓迫並存於個人生命和時代環境，同時處理性別與族群、同志與同類，進入臺灣歷史記憶民主運動，深受店主推崇。

1

2

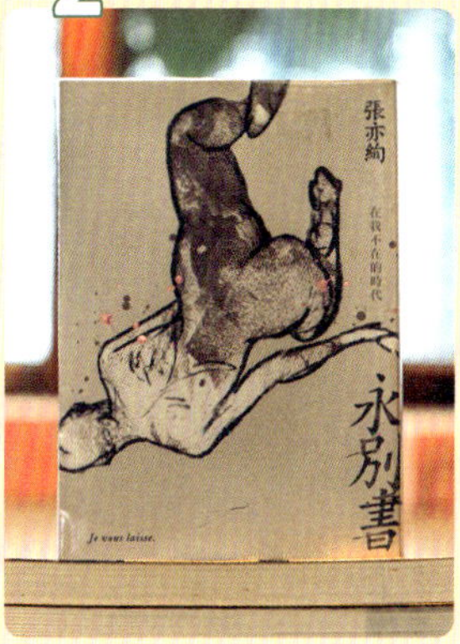

1 **《鱷魚手記》**
邱妙津
印刻
2006（1994 初版）

2 **《永別書：在我不在的時代》**
張亦絢
木馬文化
2015

非推BOOK

《夜遊》
房慧真，春山出版，2024

AUTHOR **慶齡**

「瑯嬛書屋」與「有河書店」所見相同，齊聲推薦房慧真的新作，作者回望青春啟蒙，好奇張望解嚴前後的社會，街頭橫衝直撞，少女依舊單純無畏，渾然不覺，多年後補白記憶，時代潮浪彷彿又近在眼前。

駅本屋

A BOOKSHOP TOUR OF Taiwan 12

礁溪車站旁可足浴閱讀的溫泉書店

DATA
Add　宜蘭縣礁溪鄉德陽街11巷2號
Tel　03-987-3805
FB　駅本屋ekihonya

「駅本屋」是間非常年輕的書店，甫開幕就被同事的書店雷達掃到，忙不迭地拍照傳訊給我，興奮分享礁溪竟有個可以邊泡腳邊閱讀的空間，創意十足，概念新穎。

它同時也是間很古老的書店，房子的屋齡超過半世紀，裡面部分書冊、雜誌年代也相當久遠，最驚人的莫過於主人的古本書畫收藏，有些竟已超過三百年。

覺得違和嗎？一點也不，這不正是現下最流行的反差魅力，只要新舊融合得當，自然流瀉和諧美感，修繕成功的老房子本身就是證明，從幾近廢棄的破敗模樣到現今燈光美氣氛佳的煥新面容，前後花了三年時間，結構重整，在舊的骨頭裡放進新金屬，巧妙相容，靠的是高度專業能力，另種角度看，如此勞神、費工、傷財也堪稱瘋狂之舉，這般熱血非常人所能及，挑戰高難度任務的他，是人喚KAN桑的簡明輝。

書店樓上可以清楚看見礁溪車站。

大師推坑，催生車站旁的書店

帶著點日本紳士風格的KAN桑，確實與日本很有淵源，在日本學習建築設計至研究所畢業後，進入知名的鹿島建設設計總部工作，回到臺灣經營事業也與建築相關，專業領域與書店並無交集，之所以買下這間位於礁

駅本屋書店
EKIHONYA BOOKS
駅本屋
書店
EKIHONYA

溪車站附近的老屋，最初是爲了「滿足自己的設計欲望。」改造之前，房子本身全無可觀之處，甚至連基礎都有問題，他看上這個地點，卻受限於車站高架化禁止開發，不能單獨重建，只好採取修繕。最初，房子的用途設定很單純，僅屬於KAN桑和親朋好友的私人場所，當年復興美工時期的多位同學如今都移居宜蘭，大夥兒有個空間聚會聊天何其快哉，然而，正是好同學傳來的一則訊息，觸動了KAN桑，讓這個地方變成了現在的「駅本屋」書店。

這位推人入坑開書店的同學很有來頭，原來是鼎鼎大名的平面設計大師劉開，KAN桑笑說「我都稱他副店長，因爲一天到晚泡在這裡，怎麼擺書他都很有意見。」某種程度上，這副店長確是書店的催生者，某日KAN桑接到他傳來一份獨立書店研究報告，突然被喚起之前在日本求學及工作生活的記憶，他回想起「學生時期禮拜六日，我會帶著拉車到神田、神保町這些下町比較傳統的地方，去找一些老書、老東西。」畢業以後，在東京赤坂鹿島建設上班，回到住家附近往往也不會直接回家，而是「停留在地鐵站旁的書店，待到書店關門才會走路回家。」對於書店，他有一份濃厚情感，直到現在習慣不改，只要到日本，總還會抽空一兩天去逛書店，如今爲自己開設的書店取名爲「駅本屋」，亦是受到當地文化的影響。

「駅本屋，它就是車站旁邊的書店。」KAN桑說文解字，同時向我們介紹文化淵源，他提及「早期日本的車站，幾乎都有書店，在沒有網路的時代，日本的書店都是開在車站附近。」很巧地，雖然當初購屋本意不爲書店，卻剛好買了間位於車站附近的房子，從

礁溪車站後門步行到「駅本屋」約一百五十公尺，書店樓上可以望見車站與鐵道，對KAN桑來說，這是除了書店以外，另一個重要的情感連結，因爲父親工作的關係，他在車站旁度過童年，高中念復興美工，要從當時基隆住家到永和的學校，必須搭上五點四十分的火車，才能趕上七點多到校，晚上畫圖熬夜，清晨摸黑搭火車，冒著煙過隧道，青少年感覺滿臉的灰，至今難忘，因此「對火車跟所謂的車站，感受特別深。」

從建築到書店，跨界的空間改造與經營

多年以後，鐵道記憶揉雜書店情懷，在原初的家鄉，KAN桑意外跨界成爲書店創辦人，他將剛裝修好的房子二度改造，把一樓的廚房改成櫃檯，餐廳長桌作爲十人座的閱讀空間，兩側設置書架，壁面掛上浮世繪，

日本國有鐵道線路図
REALITY & REALISM
SPIRITED AWAY
NARUTO
山田緑
猫
至情又相遇
僕たちはいつも欲しいモノばかりだった

裡面的房間則變身相對隱密的六人閱讀區，戶外車庫再放置長板凳提供特別的足浴閱讀，至於二樓區域，目前計畫提供作家，藝術創作者前來創作及居住之用，亦可彈性運用爲講座空間。空間配置大致底定，書店內涵取向如何定位？KAN桑選擇本身擅長的建築、藝術、浮世繪書籍爲主體，逐漸帶入鐵道相關與日本文學，我們到訪當天，適逢書店開幕滿月，架上已經出現一些包括漫畫在內的新元素，原來這是年輕帥哥店長立隆的選書，老闆尊重經營者的想法，合力擴大客群年齡層，他同時不忘擺上以前念建築的專業書籍，目的不在販售，而在彰顯自身價值核心，思慮周全，這點也是起自同學建議「這是你的精神所在，你要把你的深度放在那個地方。」

駅本屋的選書與布置都流露濃厚東洋風。

然而，隔行如隔山，KAN桑放下專業領域的聲名成就，重新開疆闢土從零學起，他頻頻走訪國內外書店觀摩請益，例如前作《島讀臺灣》介紹過的「一間書店」、「晴耕雨讀小書院」都有他的足跡，造訪深談之後還買下「晴耕雨讀小書院」的自家出版品，深入了解先行者開一間小書店的進展歷程，其中，對他最具啟發者，是一間位於日本長野的二手書店，百年老屋丰采迷人，細膩燈光配置運用光影、顏色營造整體氛圍，令他沉醉其間。「那個實體店面，讓我非常感動，會帶動你想要去閱讀的那個心情。」事實上，長野這間書店商業活動的主戰場在線上，實體空間的老屋、天井和書牆意在提供讀者體驗，等於線上線下各有功能同步進行，經營策略值得借鏡，內行如他，尤其能看穿實體場域門道，帶回心得，吸收他人所長轉化爲自我風格，KAN桑期許「駅本屋」亦能善用硬體條件創造感受，另闢新局。

浮世繪與鐵道是駅本屋鮮明特色。

老屋新生，結合智能、環保與在地文化

「駅本屋」所在的建築本身爲典型長屋，採光條件先天不良，但缺點也是優點，主人發揮自身專長，利用燈光設計與多彩屏風製造視覺效果，進入室內非但不覺昏暗，反而有股浪漫情調，由於整修當時特意保留原有的建築風貌，細心探看也能驚喜發現一些老屋的符號，例如原有的鐵窗、石磚、斜屋頂以及二樓的氣孔，同時，它還添加了新智能落實永續觀念，斜屋頂的自動感測裝置只要到達三十六度就會自動噴水，將收集到的雨水排放屋前灌溉松樹，降溫到三十度則會自動停止，主人以手機遠端操控，一切都在掌握之中。

智慧做環保，「駅本屋」大局小處皆細緻，連一張小小名片也講究，書籤大小的尺寸，上面除了印有書店商標、地址、電話等相關資訊，它同時

駅本屋
EKIHONYA

還是把眞正可以丈量的尺，一側公分、一側英寸相當實用，三百磅厚度紙質不易折損，加上圖案美觀用色淡雅，大大增加它被保留使用的可能，完全符合環保趨勢，人腦智慧端看用心，店主汲取異國文化長處眞是內化得徹底，其具體呈現還包括國人最熟悉的馬桶文化與溫泉足浴。

不得不說，「駅本屋」眞是我所見過單位面積廁間最多的書店，來此久坐閱讀別怕等待，十分「方便」，主人處處重視設備，可想而知如廁環境之先進與潔淨。另一個極致享受的角落，自然非足浴閱讀區莫屬，礁溪溫泉名聞遐邇，書店開在此處，本就旨在連結地方，利用戶外原停車場空間，鋪上木製長凳，引進天然泉水，讓顧客可以邊看書邊泡腳，同時間擁有雙重享受，特色獨具，最愛慵懶看書的同事文欣和小喵，當初就是基於這一點，力薦我一定要造訪此處，KAN桑強調「這絕對不是噱頭，礁溪本來就是一個溫泉的地方，既然在這裡開了書店，就要跟當地整個做結合。」

書店連如廁都是日式體驗。

所謂結合，不僅只有溫泉那麼簡單，書店屋頂的維修步道，兼具展望功能，可以遠眺龜山島，同時書店積極敦親睦鄰，邀請厝邊隔壁協力發展特色文化，例如：敦請礁溪車站站長前來書店舉辦鐵道文化座談、結合旅宿業者開發旅讀路線，主人甚至還拜訪過附近佛光山滴水堂，請教他們多年推廣閱讀的經驗，並與之討論相互合作的可能性，KAN桑說：「我喜歡在我的故鄉、熟悉的環境與人接觸交流，做我喜歡的事情。」

在地連結與文化收藏，打造獨特溫泉書店

KAN桑不僅與眾人分享空間，也分享他的個人珍藏，書店裡除了書本刊物，還有大量的浮世繪，別笑我們老土，主人的藏品質量眞的令人大開眼界，書店內放眼所及，不到他實際收藏的百分之一，無法全數展示，一來由於無法完全控制環境溫溼度，唯恐古物受損，二來書店空間有限，怕是要建造個美術館或圖書館才有辦法容納所有。

所幸我們還算有眼福，事先約訪，好讓主人有時間準備些許古本古畫稍作分享，浮世繪卷軸攤在十人座的長桌還得邊看邊收，規模驚人，KAN桑帶著手套小心翼翼，謹慎拿取翻閱這些珍貴古文物，江戶時代的書畫，開闔都得拿捏力道，一七二八、一七三六年的版畫書，至今依舊線條明晰色彩飽和，經由主人專業解說，藝術大

商店建築
icon
ヴェルサイユ
THE ARCHITECTURAL
CASA
au
住宅特集
新建築
住宅建築
STUDIO 80
都市住宅
GA HOUSES

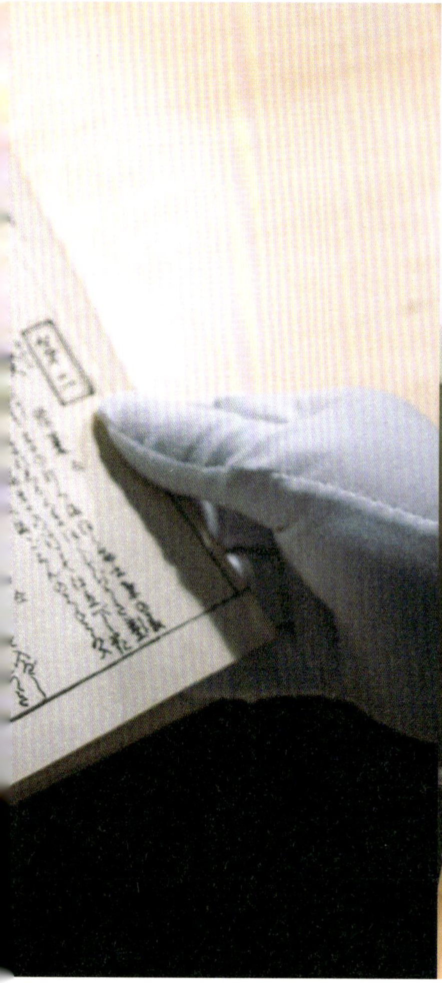

店主珍藏古書畫必須謹慎開闔。

外行的我才知道，原來是採用礦物顏料繪製而成，難怪作品能留存三百年不衰，讀者來到書店，即使只能見到藏品的千百分之一，也會是極大的精神收穫。

書店反映主人個性，「駅本屋」個人色彩確實濃厚，因其特殊背景，爲我們帶來新的觀看與體驗方式，KAN桑的同學們或許也深知這點，因此說出「開書店你會很慘，但是我鼓勵你開。」聽似熟人玩笑話，實則有某種期待在其中，其實主人何嘗不明白書店在數位時代處境不利，甚至他也清楚「在我的世代書店已經一家又一家逐漸消失，那下一個世代呢？即使多了一家小小的書店，對於社會也不會有什麼轉變。」然而他依舊執著堅持，只因身而爲人需要感受，我非常喜歡這段比喻：「當你把書打開，就好像榻榻米一樣，它還是有點書香，你進入榻榻米，尤其在還沒有通風之前，稻草味相當重。」香氣與觸感，無可取代的感官體驗，愛書人們必然心有戚戚。

的確，一間書店的誕生或消失，未必會激起多大漣漪，不過我們還是永遠樂見有更多書店風貌開展眼前，尤其，還是間別具風味的溫泉書店呢！

書店的硬體條件和氛圍，
都可以創造人的感受。
OWNER'S TALK

OWNER'S INFO

簡明輝

曾於日本攻讀建築設計並任職，返臺後經營建築相關事業。因對書店的情感與鐵道記憶，購入礁溪車站旁的老屋，原為私人空間，後在同學——設計大師劉開的鼓勵下，改造為車站旁的書店。書店融合建築專業與在地文化，選書以建築、藝術、浮世繪、鐵道及日本文學為主，並透過建築與燈光設計、古本收藏、足浴閱讀等元素，營造獨特空間體驗。

店主私房書

MY FAVORITE

OWNER **KAN桑**

用另一個角度看北齋，著迷浮世繪的店主，在日本浮世繪太田美術館入手葛飾北齋的繪畫立體書，融合大師重要作品，呈現俗世浮沉，海浪、瀑布與江戶時代的人文風景栩栩如生，確然不可思議。

《HOKUSAI POP-UPS》
Mccarthy、Courtney Watson
Thames & Hudson，2016

非推BOOK

《宜蘭鐵道通車100週年紀念專刊》
宜蘭縣史館，宜蘭縣史館，2024

AUTHOR **慶齡**

鐵道迷看過來，宜蘭縣鐵道通車屆滿一百周年，從最初的產業發展用途，到運輸、旅遊形成各種文化，承載集體與個人的回憶，圖文並茂回首百年，走進歷史長廊，撫今追昔。

LEADERSHIP ON THE LINE
ALWAYS DAY ONE

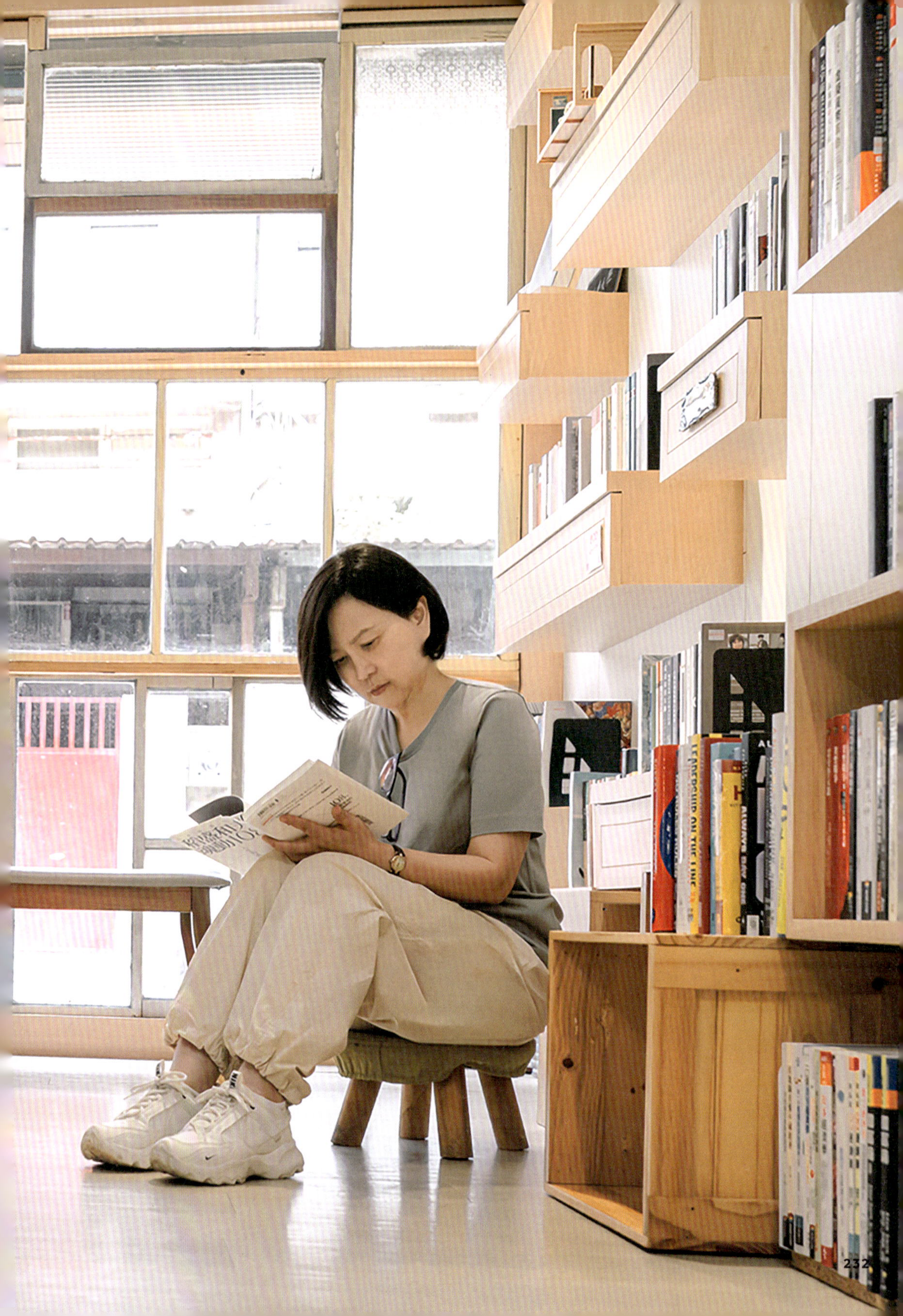

後記

旅讀的滋味　番外篇

坐在電腦前，寫下本書最後一篇文稿的此刻，還是有點在雲裡霧裡的飄浮感，難以置信尚彬與我竟能在《名人書房》節目密集錄影諸事繁雜，以及我們各自的忙碌中，又合力完成了一輪島讀紀錄。

如果您是在看完全文之後才讀到這裡，請容我稍加解釋，爲何這趟旅程好似只側重西半部地區，原因絕非我們偷懶，投機環島半圈，而是地震導致東部交通不若以往暢通，爲了不與眞正需要的人爭道，我們止步於東北端的宜蘭礁溪，留個懸念待來日再續。

延續前作《島讀臺灣》精神，這本二部曲收錄了臺灣十二家風格殊異的獨立書店，謝謝每位書店主人借予寶貴時間與經營空間，與我們天南地北暢談閱讀種種，記得在臺南「版本書店」和謝宛婷醫師從早晨聊到日暮，店主還貼心差人張羅吃食至店內，摻了人情滋味的春捲與碗粿加倍可口，而先前一次造訪書店離去時，兔兔店長特地騎摩托車追來，送上一罐楊桃蜜餞，至今仍甜在心裡；「見書店」那日同樣欲罷不能，同女主人雅萍熱烈交流過午，老闆樺哥默默拎來兩盒基隆名產花生糕待客，內斂風格與「晨熹社」社長José如出一轍，舞臺交給闆娘Sylvie，自己沉靜待在櫃檯爲來客沖煮香醇咖啡，這兩間女主當家的書店背後皆有一個偉大且溫柔的男人。

記錄旅讀花絮怎麼淨說些吃喝？不瞞各位，我們向來如此嗜食人間煙

SÜRÜM
版本書店

PRAHA
2025

火，「籃城書房」嘿嗎不是說了嘛，閱讀吃飯睡覺乃人生三大事，他可是能在大談特談哲學之後，隨即轉身拿起鍋鏟爲小朋友烹煮四十人份義大利麵的全能學者；「日榮本屋」阿龔亦是箇中高手，會讀書又會做布丁，店裡販賣的甜點無一不是本身喜愛的自家口味；即使空靈如「渺渺書店」的文學女孩彥汝，也會善盡地主之責，領我們前去品嘗他心中名列前茅的嘉義雞肉飯；更別說「爬上坡好書室」書婷了，幾年前初次見面，就在大夥兒的吆喝聲中，驚喜莫名地與我們共享了一頓淡水海鮮。

行旅在外，聽書店主人的話，包準不踩雷，「瑯嬛書屋」推薦對面鄰居眷村麵食館，豬後腿肉包餡的餛飩果然無敵；「書集囍室」黃大哥提供在地覓食要訣，往市場去就對了，鹿港人吃的跟觀光客不一樣；「駅本屋」KAN桑特選宜蘭新鮮海味，與我們相約來日；新竹總沒什麼好吃了吧？「玫瑰色二手書店」阿金和姵汝矢志洗刷美食沙漠汙名，拍胸脯保證納味刈包和紅糟肉圓包君滿意。

說了半天，何以獨缺「有河書店」686美食名單？臺北市不用帶路，老闆有書店雷達，我們有吃貨文欣，謝謝超強的團隊夥伴，行前詳列沿途食物補給站清單，確保我們一路飽足。旅讀之歡暢就在身心俱豐，吃得滿意，讀得愉快，書店裡臥虎藏龍，個個都是飽學之士，感謝這些民間高手拓寬我們的閱讀視野，並以其孜孜不倦的好學精神，展現追求智識成就的無上價值。

MIND YOUR HEAD
小心碰頭

探訪獨立書店總能成就美好相遇，這些年繞行臺灣走書房，獲益遠遠超乎預期，因此特別央請最初的起點「書粥」老闆高耀威撰寫序文，註記這份因緣，同時感謝失智症權威劉秀枝教授慨然應允爲本書作序，大腦用進廢退，旅行與讀書是最快樂的防失智活動，劉醫師提供理論親身實踐，堪稱我們的最佳代言人。

島讀計畫從初次成形到續集接力，讀書共和國李雪麗總經理帶領的專案團隊爲最大功臣，謝謝孟庭、惟心企劃執行，全程投入；同時格外感謝懿貞副總編輯耐心包容，溫柔催稿，一路不吝鼓勵，陪伴我走到完稿終點；在此，依然對明月主編深感抱歉，書寫過程我龜毛惡習難改，不斷修稿延遲，感謝編輯作業在如此壓縮時程中仍專業呈現精美品質。

最後，誠摯感謝所有協力夥伴，共同作者尚彬攝影兼司機，捕捉每間書店最動人的元素，勞苦功高；敏華導播協助本書影音拍攝，並身兼多職奔波聯繫，是尚彬與我最強而有力的倚靠；摯友裕儀運籌帷幄再次跨刀相助，銘感在心；文欣、小喵義務勘景蒐集資料，功不可沒；還要向好友琦寶表達謝意，臺南出任務，總有溫情相隨，同在地方長年支持閱讀，更能默契體會書店於社會存在之必要。

讀書是最自由的旅行方式，書店裡的人與書，時刻爲人生引路，停駐一處或在宅閱讀，書本文字亦能帶領心智跨越時空去到遠方，自由旅行。

島讀臺灣
vol.2

旅讀的理由

……

城市山海，閱覽詩意

撰文｜詹慶齡
攝影｜余尚彬
影音製作｜人子拼圖
全書設計｜mollychang.cagw.
特約主編｜一起來合作
總編輯｜李復民
副總編輯｜鄧懿貞

島讀臺灣計畫總策畫｜李雪麗
計畫推廣小組｜蔡孟庭、盤惟心、張詠蓁

讀書共和國出版集團 業務平臺
總經理｜李雪麗
副總經理｜李復民
專案企劃總監｜蔡孟庭
特販業務總監｜陳綺瑩
海外業務總監｜張鑫峰
零售資深經理｜郭文弘
印務協理｜江域平
印務主任｜李孟儒

出版｜發光體文化／遠足文化事業股份有限公司
發行｜遠足文化事業股份有限公司（讀書共和國出版集團）
地址｜231新北市新店區民權路108之2號9樓
電話｜（02）2218-1417　傳眞｜（02）8667-1065
電子信箱｜service@bookrep.com.tw
網 址｜www.bookrep.com.tw
郵撥帳號｜19504465遠足文化事業股份有限公司

法律顧問｜華洋法律事務所 蘇文生律師
印製｜通南彩色印刷有限公司
初版一刷｜2025年4月30日
初版三刷｜2025年7月17日
定價｜480元
書號｜2IGD0004
ISBN｜978-626-99419-2-6（平裝）

團體訂購請洽業務部（02）2218-1417分機1124
讀書共和國網路書店 www.bookrep.com.tw

特別聲明

1. 有關本書中的言論內容，不代表本公司／出版集團立場及意見，由作者自行承擔文責。
2. 本書若有印刷、裝訂錯誤，敬請寄回本公司調換。

國家圖書館出版品預行編目(CIP)資料

旅讀的理由｜城市山海，閱覽詩意/詹慶齡撰文. -- 初版. --
新北市｜遠足文化事業股份有限公司發光體文化，
遠足文化事業股份有限公司，2025.04
240面；17×23公分. --（島讀臺灣；2）
ISBN 978-626-99419-2-6(平裝)
1.CST｜書業 2.CST｜臺灣　487.633 114002993

本書爲「**島讀臺灣全臺獨立書店閱讀推廣計畫**」出版系列
特別感謝 文化部 MINISTRY OF CULTURE 贊助